高等职业院校技能应用型教材·软件技术系列

C语言程序设计实验教程

主　编　马杨珲

副主编　魏　英　庄　儿

电子工业出版社

Publishing House of Electronics Industry

北京·BEIJING

内 容 简 介

本书共分为两部分，第一部分主要介绍 C 语言程序设计实验的目的与要求，以及 C 语言程序设计的基本过程；第二部分包含 14 个实验，主要培养学生的基本编程技能，每个实验均由"实验目的""预备知识""实例解析""实验内容"4 部分组成。其中，"实验目的"部分对学生提出本次实验的预期目标；"预备知识"部分帮助学生总结本次实验所需的理论知识；"实例解析"部分通过精心选择的例题为学生讲解如何应用相关知识解决具体问题，从而更好地帮助学生进行实验准备工作；"实验内容"部分不仅提供了传统的编程题目，还提供了程序分析题、程序改错题、程序测试题、程序填空题等多种类型的题目，让学生进行全方位的编程实践，从而帮助学生更好地掌握程序设计的方法。

本书不仅可以作为各类高等院校 C 语言程序设计课程的实验教材，还可以作为广大编程爱好者学习 C 语言程序设计的参考用书。

图书在版编目（CIP）数据

C 语言程序设计实验教程 / 马杨珲主编. —北京：电子工业出版社，2023.12

ISBN 978-7-121-46902-2

Ⅰ. ①C… Ⅱ. ①马… Ⅲ. ①C 语言－程序设计－教材 Ⅳ. ①TP312.8

中国国家版本馆 CIP 数据核字（2023）第 246315 号

责任编辑：魏建波
印　　刷：山东华立印务有限公司
装　　订：山东华立印务有限公司
出版发行：电子工业出版社
　　　　　北京市海淀区万寿路 173 信箱　　邮编：100036
开　　本：787×1092　　1/16　　印张：12　　字数：270 千字
版　　次：2023 年 12 月第 1 版
印　　次：2024 年 7 月第 2 次印刷
定　　价：45.00 元

凡所购买电子工业出版社图书有缺损问题，请向购买书店调换。若书店售缺，请与本社发行部联系，联系及邮购电话：(010) 88254888，88258888。

质量投诉请发邮件至 zlts@phei.com.cn，盗版侵权举报请发邮件至 dbqq@phei.com.cn。

本书咨询联系方式：(010) 88254178，liujie@phei.com.cn。

前　言

目前，"C 语言程序设计"是国内各高校理工科专业普遍开设的课程，该课程是一门学习程序设计的入门课程，以 C 语言为载体，讲授计算机程序设计的思想和方法，为学习者利用计算机解决工程实践、科学研究和日常生活中的问题打下基础。"C 语言程序设计"课程的实验教材种类繁多，但也存在一些不足之处。

1. 单纯扮演教辅角色

许多"C 语言程序设计"课程的实验教材与主教材配套出版，并且在实验教材中包含主教材的习题答案，不利于学生独立完成教师所布置的课外作业。同时，在实验内容方面，仅列出一组备选题目，未对学生的编程能力进行系统训练。

2. 实验题型单一

大部分"C 语言程序设计"课程的实验教材只提供了传统的编程题目，缺乏程序调试题、程序分析题、程序改错题、程序填空题等类型的题目，不利于学生进行循序渐进、全方位的编程实践。

3. 缺少综合实验内容

大多数"C 语言程序设计"课程的实验教材只包含选择、循环、数组、字符串、函数、文件等方面的基础实验，而缺少综合性较强的实验，无法在课程结束之际要求学生应用所学知识进行综合编程实践。

因此，作为一本采用突出应用、循序渐进方式组织实验内容的教材，《C 语言程序设计实验教程》对于培养理工科学生编程能力具有很高的实用价值。

与传统"C 语言程序设计"课程的实验教材相比，本书具有以下特色。

1. 丰富有效的学习资源

多年的教学实践表明，初学者在编程时遇到的最大问题就是感觉无从下手，所以如何帮助学生将理论知识应用于编程实践，已经成为程序设计课程教学改革的重要内容。本书在内容结构设计上体现了这一改革思路，每个实验均由"实验目的""预备知识""实例解析""实验内容"4 部分组成。其中，"预备知识"部分帮助学生总结本次实验所需的理论知识，"实例解析"部分则通过精心选择的例题为学生讲解如何应用相关知识解决具体问题，从而更好地帮助学生进行实验准备工作。

2. 循序渐进的编程实践

因材施教是程序设计课程实验教学的一个改革方向。"C 语言程序设计"课程的授课对象主要为大学一年级学生，他们大多缺乏程序设计的基础知识，若设置难度太大的题目，则容易影响普通学生的学习积极性；若设置难度太小的题目，又不利于部分有能力学生的进一步提高。为此，需要从有效培养学生的实践能力和创新能力两方面出发进行课程实验内容设计。本书在基础实验的内容设计上，合理安排题目的难易程度，不仅能够使学生进行循序渐进的编程实践，还提供了若干综合实验以培养学生的编程能力。

3. 灵活多样的实验题目

本书不仅提供了传统的编程题目，还提供了程序分析题、程序改错题、程序测试题、程序填空题等多种类型的题目，让学生进行全方位的编程实践，从而帮助学生更好地掌握程序设计的方法。

4. 实例视频讲解

本书的"实例解析"部分包含相关的教学视频，对实例的问题理解、算法设计过程和代码实现都进行了详细的讲解，可以作为课堂补充材料帮助学生进行自主学习，也可以作为教师教学的参考资料。

5. 实验辅助平台

本书的主要实验内容都可以在 PTA 程序设计类实验辅助教学平台上进行练习，使用本书开展教学的教师可以联系编者（myhui@163.com）获取分享码，以便在该平台上为学生开展实验。

本书由马杨珲担任主编，由魏英、庄儿担任副主编。第一部分由魏英编写，第二部分的实验 1、实验 7、实验 8 由庄儿编写，实验 2、实验 13 由龚婷编写，实验 3、实验 4、实验 12 由楼宋江编写，实验 5、实验 6、附录由马杨珲编写，实验 9 由朱梅编写，实验 10、实验 11 由琚洁慧编写，实验 14 由张银南编写。

本书在编写过程中，承蒙罗朝盛教授的大力支持与指导，在此表示衷心感谢！浙江科技大学计算机基础教学部的全体教师在本书的编写和审校过程中提出了许多宝贵意见，在此也一并表示感谢！

由于编者水平有限，书中难免存在不足之处，敬请读者批评与指正。

编　者

2023 年 4 月

目　录

附　录

第一部分

C 语言程序设计实验概述

第 1 章

C 语言程序设计实验的目的与要求

"熟读唐诗三百首，不会作诗也会吟"，相信很多读者都听过这句话。其实，任何技能的学习都是从模仿开始的，培养编程能力当然也是从阅读大量示例程序入手的，但仅能看懂示例程序，与真正掌握程序设计的方法还有很大差距，只有在自己动手编写和调试过大量的程序后，才能最终实现这一目标。因此，学习 C 语言程序设计必须重视实践环节，除了充分利用课堂实验时间，最好也能在课外时间多进行编程实践。

1.1 C 语言程序设计实验的目的

C 语言程序设计实验主要是为了帮助读者进一步理解教材和课堂授课中所介绍的知识内容，掌握程序设计的基本技能。总体而言，其目的主要有以下几个方面。

（1）使读者掌握常见问题的基本求解方法。随着编程技术的不断发展，许多常见问题的求解方法已经基本定型。读者所需解决的实际问题往往是由一些基本问题组合而成的，因此，必须熟练掌握各种常见问题的基本求解方法。

（2）使读者掌握程序调试技能。程序不是"编"出来的，而是"调"出来的。在实际的软件开发中，程序调试是十分重要的部分，因为程序错误是无法完全避免的，而且随着代码量的增加，出错的概率也会成倍增长。程序调试技能的培养更多地依赖于编程者长期实践经验的积累。

（3）使读者加深对语法规则的理解。要想使编写的程序达到预期目标，必须遵循相应的语法规则。枯燥乏味的语法规则仅凭记忆是很难掌握的，只有通过大量的编程实践，才能逐步加深对语法规则的理解，并最终掌握程序设计的方法。

（4）使读者培养良好的编程习惯。读者具有良好的编程习惯，会使编写的程序清晰易懂，对程序的调试和维护都会带来很大的便利。比如，适当添加注释、采用缩进格式书写代码、标识符见名知意、一行一句、用户界面友好等。

（5）使读者熟悉 C 语言程序的集成开发环境。目前，程序设计基本都是在某种集成开发环境（Integrated Development Environment，IDE）中进行的，选择一种主流的集成开发环境有助于读者今后的开发工作。本书主要介绍了 Dev-C++集成开发环境，使用的版本为 Dev-C++ 5.11，使用 Dev-C++集成开发环境开展实验的具体操作请参阅第二部分实验 1 中的内容。

1.2　C 语言程序设计实验的要求

为了增强实验效果，应当处理好以下 3 项工作。

1.　实验前的准备工作

（1）回顾与本次实验有关的知识内容。

（2）根据实验内容，预先设计算法并编写主要代码。

（3）准备好测试数据。

2.　实验中的测试工作

（1）不要只测试一组数据，应当考虑到程序运行时可能会出现的各种情况，并分别使用不同的数据进行测试。

（2）面对出现的各种错误，不要灰心，这是初学者在编程过程中无法避免的正常现象。

（3）尽量尝试自己解决问题，这样更有利于自己总结经验。

（4）请教师帮助分析错误时，注意学习如何分析错误原因，让自己今后再次面对同类问题时能够举一反三。

3.　实验后的总结工作

（1）自我审查本次实验是否达到预期目标。

（2）分析程序设计（包括程序结构、算法设计等）和源程序。

（3）分析程序的运行情况（包括针对不同测试数据的运行结果），以及程序调试过程中出现的主要问题。

（4）总结本次实验中掌握的程序设计方法和编程技巧。

第 **2** 章

C 语言程序设计的基本过程

程序设计的基本过程大体上可以分为问题的描述与分析、算法的设计与表示、程序的编写与测试，本章将对上述基本过程的基本任务进行简单的介绍。

2.1　问题的描述与分析

在用计算机编程解决一个问题时，首先需要对要解决的问题进行深入分析，然后给出清晰、准确的问题描述和功能要求。在问题描述中应该确定需要使用的数据（输入数据）和需要产生的数据（输出数据），从而确定需要定义的变量的数量和类型。

以一个"身份验证"程序为例，需要实现的基本功能描述如下：提示用户输入用户名和密码，当用户输入完成后，程序将验证用户名和密码是否正确，若通过验证，则显示欢迎信息，否则显示失败信息。

根据上述功能描述，该程序需要实现以下目标。

（1）在屏幕上输出提示信息，如"请输入用户名""请输入密码"。

（2）接收用户输入的信息，因为用户输入了两条信息，所以应该定义两个变量来接收用户输入的信息。

（3）验证用户信息。

（4）反馈验证结果。

2.2　算法的设计与表示

狭义来讲，算法就是解决一个问题所采取的方法和步骤的描述。设计好的算法应该包括有限的操作步骤，并且每个操作步骤都应该有明确的含义，能够有效地执行，可以没有输入但至少有一个输出。

算法的表示形式有很多种，通常包括自然语言、流程图、伪代码等。其中，流程图具有清晰、直观、易懂的优点，因此被普遍用于算法的表示。本书部分实例提供了算法流程图，帮助读者掌握使用流程图表示算法的方法。

传统流程图中的常用符号如图 1-2-1 所示。

起止框　　　　处理框　　　　输入/输出框　　　　判断框　　　　流程线

图 1-2-1　传统流程图中的常用符号

其中，"起止框"表示算法的开始和结束，"处理框"表示运算赋值等操作，"输入/输出框"表示数据的输入/输出操作，"判断框"表示根据条件成立与否来执行不同的操作。

2.1 节中提到的"身份验证"程序的流程图如图 1-2-2 所示。

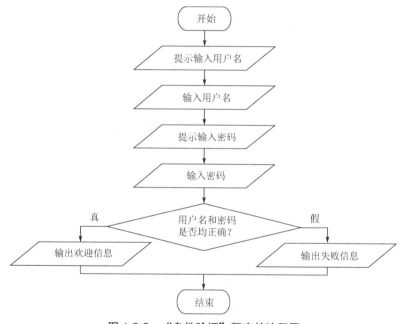

图 1-2-2　"身份验证"程序的流程图

2.3　程序的编写与测试

设计好的算法必须通过程序设计语言编写代码后才能让系统处理。编写好的程序中可能会存在各种错误，因此需要进行认真细致的测试。

程序错误的类型主要有以下 3 种。

（1）语法错误：编写的程序不符合程序设计语言的语法规定。对于这种错误，系统一般会在编译过程中给出提示信息。

（2）逻辑错误：程序无语法错误，也能正常运行，但是结果不对。这类错误可能是在设计算法时产生的，也可能是在编写程序时产生的。例如，把关系运算符 "=="写成赋值运算符 "="。对于这种错误，系统无法检查出来，只能通过不同的测试数据来检查程序中可能存在的逻辑错误。

（3）运行错误：有时程序既无语法错误，也无逻辑错误，但是程序不能正常运行或得不到正确结果。在大多数情况下，这是因为输入的数据不符合要求，包括数据本身不合适，或者数据类型不匹配等。

当发现程序中存在逻辑错误时，需要对程序进行调试以确定出错位置。常用的调试方法包括：①临时增加输出语句，将要观察的数据显示在屏幕上；②单步执行程序；③设置断点。

2.4　计算思维的培养与训练

计算机是人类 20 世纪最伟大的发明之一，它不仅为其他学科提供了新的手段和工具，其方法论特性也直接影响和渗透到其他学科中，同时改变着人们的思维方式，并最终形成了计算思维。计算思维与逻辑思维、实验思维一起成为人们认识世界和改造世界的 3 种基本科学思维方式。

计算思维是运用计算机科学的基础概念进行问题求解、系统设计及人类行为理解等涵盖计算机科学广度的一系列思维活动。简单来说，计算思维就是用计算机科学解决问题的思维，它是每个人都应该具备的，而不是计算机科学家所独有的。学习程序设计方法是理解计算思维的最好途径。编程思维是无止境的，解决不同的问题需要使用不同的分析方法、算法和代码实现方法。

（1）计算思维与数学基础构建。

计算机科学在本质上源自数学思维，它的形式化解析基础构建于数学之上。计算思维和数学思维都包括了抽象和逻辑。数学基础扎实，更有利于培养和训练计算思维。

（2）计算思维与计算机科学导论。

为了一开始就能对计算机科学的课程体系和知识结构有一个比较清晰的了解，我们必须站在计算思维的高度和广度上来了解与掌握计算机学科的基本概念、基本方法及发展趋势，知晓学科的内涵和本质，并将这一切作为计算机科学导论。

（3）计算思维与思维能力的培养。

计算思维是人类求解问题的一条途径。之前，很多人都认为计算机科学家的思维就是用计算机去编程，这种认识是片面的。计算思维不仅仅是程序化的，还需要在抽象的多个层次上进行思维。

（4）计算思维与应用能力的培养。

计算机科学从本质上也源自工程思维，因为我们建造的是能够与实际世界互动的系统。目前，计算机应用已经深入各行各业，并融入人类活动的整体，解决了大量在计算时代之前无法解决的问题。

（5）计算思维与创新能力的培养。

创新是一个民族生存、发展和进步的原动力。计算思维的培养对我们每个人创新能力的培养是至关重要的。创新要依靠科学的思想方法。

第二部分

C 语言程序设计实验

实 验 1

运行一个简单的 C 语言程序

一、实验目的

1. 掌握编写 C 语言程序的基本步骤。
2. 熟悉 Dev-C++ 5.11 集成开发环境。
3. 掌握 C 语言程序的基本特点。

二、预备知识

1. 编写 C 语言程序的基本步骤

通过第一部分的学习，读者可以了解到 C 语言程序设计的基本过程。在对要解决的问题进行详细的分析与描述并设计出相应的算法后，就可以开始编写 C 语言程序了。C 语言程序的基本编写步骤如图 2-1-1 所示。

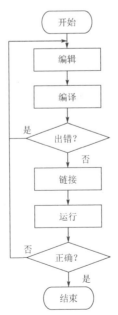

图 2-1-1　C 语言程序的基本编写步骤

（1）编辑阶段。录入程序代码，生成源文件（*.c）。

（2）编译阶段。检查语法错误，生成目标文件（*.obj）。

（3）链接阶段。将目标文件与库文件（*.lib）或其他目标文件链接在一起，生成可执行文件（*.exe）。

（4）运行阶段。运行可执行文件，检查程序运行结果是否正确。

如果在编译或运行阶段发现错误，那么需要重新编辑源文件，并再次进行编译、链接、运行，直到运行结果正确为止。上述步骤通常是在某种集成开发环境下完成的，读者可以结合实例 1-1 熟悉在 Dev-C++ 5.11 集成开发环境中编写 C 语言程序的基本步骤。

2．C 语言程序的基本特点

（1）C 语言程序由若干个函数组成，每个函数实现一定的功能。

（2）一个 C 语言程序有且仅有一个 main 函数（主函数），程序从 main 函数开始执行，当 main 函数执行完成后，程序结束运行。

（3）可以使用 C 语言标准库函数，一般通过#include（文件包含命令）包含相应的头文件（*.h）。

（4）C 语言程序中严格区分字母大小写。例如，sum 与 Sum 是不同的标识符。

（5）C 语言程序中的语句以分号结束，一行可以写多条语句。

（6）C 语言程序中可以使用空格和空行，一般采用缩进对齐的书写格式，方便用户阅读程序。

（7）在程序中适当使用注释可以提高程序的可读性。C 语言程序中注释的书写格式为：/*注释内容*/。

三、实例解析

【实例 1-1】编写一个 C 语言程序，该程序运行时将在屏幕上显示"欢迎来到浙江科技大学"信息。

问题分析：这是一个十分简单的 C 语言程序，帮助读者在编写程序的过程中熟悉 Dev-C++ 5.11 集成开发环境。

算法设计：该程序的运行按顺序可以分为三大步骤，即开始、输出和结束。

基本步骤：

（1）启动 Dev-C++ 5.11 后，执行"文件"菜单中的"新建"→"源代码"命令，新建源代码文件，如图 2-1-2 所示。

图 2-1-2　新建源代码文件

（2）在弹出的窗口中编辑文件，如图 2-1-3 所示，输入下列源代码：

```
#include<stdio.h>
main()
{   printf("欢迎来到浙江科技大学\n");
}
```

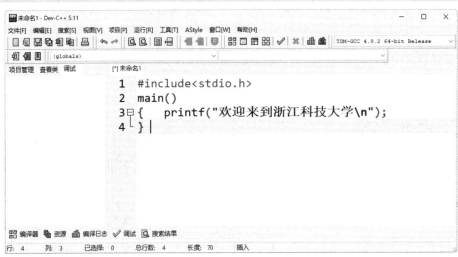

图 2-1-3　编辑文件

（3）执行"文件"菜单中的"保存"命令，并设置文件名为"SL1-1.c"，保存源文件。

（4）执行"运行"菜单中的"编译运行"命令，如图 2-1-4 所示，对程序进行编译、链接并运行。

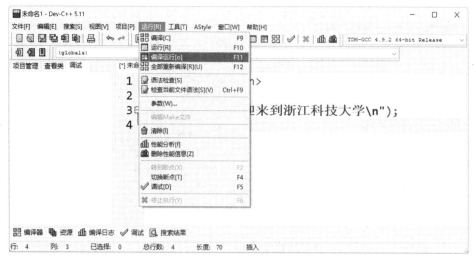

图 2-1-4　执行"编译运行"命令

（5）在 Dev-C++ 5.11 窗口下方显示"错误：0，警告：0"提示信息时，表示程序无语法错误，成功生成可执行文件"SL1-1.exe"，如图 2-1-5 所示。

图 2-1-5　成功生成可执行文件

（6）可以看到程序运行结果，如图 2-1-6 所示。

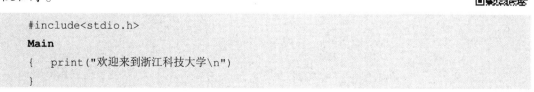

图 2-1-6　程序运行结果

（7）程序运行结果正确，按任意键返回 Dev-C++ 5.11 窗口。

（8）执行"文件"菜单中的"退出"命令，退出 Dev-C++ 5.11。

思考讨论：第（3）步所输入的文件名能否省略扩展名".c"？生成的目标文件和可执行文件保存在什么位置？

【实例 1-2】将实例 1-1 中的源文件修改为如下代码，运行并调试这段程序。

```
#include<stdio.h>
Main
{   print("欢迎来到浙江科技大学\n")
}
```

问题分析：通过本实例的学习，读者可以掌握修改 C 语言程序语法错误的方法，并熟悉 C 语言程序的基本特点。

基本步骤：

（1）启动 Dev-C++ 5.11 后，执行"文件"菜单中的"打开"命令，从相应位置选择并打开"SL1-1.c"文件。

（2）按照上述代码修改源文件后，执行"文件"菜单中的"另存为"命令，将文件另存为"SL1-2.c"。

（3）执行"运行"菜单中的"编译运行"命令，对程序进行编译、链接并运行后，Dev-C++ 5.11 窗口下方显示错误信息，如图 2-1-7 所示。

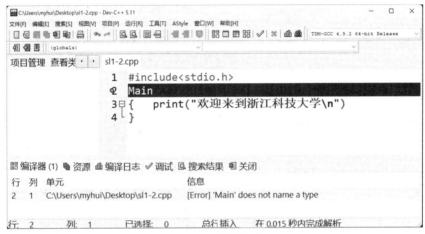

图 2-1-7　错误信息

（4）逐一修改各处错误。

① 主函数名错误。C 语言程序中严格区分字母大小写，所以 main 与 Main 是不同的标识符，应该将 Main 改为 main。

② 主函数名后面的一对括号不能省略。

③ 实现格式化输出功能的 C 语言标准库函数名应为 printf。

④ 语句缺少分号。每条语句都应以分号结束。

说明：双击相应的错误信息，可以大致定位出错位置，但有时并不准确。此外，多处错误可能是由同一条语句引起的。所以，每修改完一处错误，应该先保存，再重新编译、链接并运行。

思考讨论：学会使用注释来提高程序的可读性，例如：

```
#include<stdio.h>      /*使用库函数时应包含对应的头文件*/
/*主函数*/
main()
{   printf("欢迎来到浙江科技大学\n");
}
```

【实例 1-3】编写一个 C 语言程序，并输入两个整数，使其输出其中较小的整数。

问题分析：通过编写该程序，读者可以熟悉 Dev-C++ 5.11 集成开发环境。

算法设计：输入两个整数后，使用 if 语句比较两个整数的大小，并输出较小的整数。

源代码：

```
#include<stdio.h>
main( )
{  int a,b,c,t;
   printf("请输入两个整数并以回车结束:\n");
   scanf("%d%d",&a,&b);
   if(a<b)
      printf("%d",a);
   else
      printf("%d",b);
}
```

运行结果如下：

输入：**1 2**
输出：**1**

思考讨论：

（1）如何输出两个整数中的最大值？

（2）如何输出三个整数中的最大值或最小值？

四、实验内容

1. 在 Dev-C++ 5.11 集成开发环境中调试下列程序，并修改程序错误直到正确为止。

```
include stdio.h
main()
{  int a,b,sum
   a=10;b=20;
   SUM=a+b;
   printf("%d+%d=%d\n",a,b,sum
```

2. 在 Dev-C++ 5.11 集成开发环境中调试下列程序，并分析程序功能。

```
#include<stdio.h>
main()
{  int a,b,c,t;
   printf("请输入三个整数并以回车结束:\n");
   scanf("%d%d%d",&a,&b,&c);
   if(a>b)
```

```
{   t=a;
    a=b;
    b=t;
}
if(a>c)
    printf("%d %d %d\n",c,a,b);
else
    if(b>c)
        printf("%d %d %d\n",a,c,b);
    else
        printf("%d %d %d\n",a,b,c);
}
```

3. 编写一个程序，并输入两个整数，使其输出其中较大的整数。

4. 编写一个程序，输出下列信息。

****

* 欢迎来到浙江科技大学 *

****

实 验 2

顺序结构程序设计

一、实验目的

1. 掌握基本数据类型、运算符与表达式的使用方法。
2. 掌握赋值语句的使用方法。
3. 掌握 C 语言中输入/输出函数的使用方法。
4. 熟悉顺序结构程序设计的基本思路。

二、预备知识

1. 数据类型、运算符与表达式

编程的主要目的是解决实际问题，实际问题中涉及的各种具体事物在程序中被抽象为不同类型的数据来进行处理。C 语言中常用的基本数据类型包括整型（int）、长整型（long）、单精度浮点型（float）、双精度浮点型（double）和字符型（char）。浮点型又称实型。不同的数据类型用于解决不同类型的问题，读者可以根据实际情况选择使用。

编程离不开计算，C 语言中提供了丰富的运算符，用于完成对数据的各种运算处理。使用运算符时需要注意 3 个要素：目数（参与运算的操作数的个数）、优先级（运算执行的先后顺序）、结合性（运算的结合方向）。

表达式是用运算符将常量、变量、函数等运算对象连接起来的且符合 C 语言语法规则的式子。

2. 常量与变量

常量是指在程序运行过程中值保持不变的量，不同数据类型的常量的表示形式各不相同。例如，整型常量 5，实型常量 1.0、1.25E3，字符型常量'A'，字符串常量"ZUST"等。

变量是指在程序运行过程中值可以改变的量。C 语言规定，变量必须在定义后才能使用，其定义形式如下：

```
类型符 变量名列表;
```

例如：

```
int x,y;                        /*定义 x、y 为整型变量*/
```

在编译时，系统会为每个变量分配一个内存地址，该地址所指向的存储空间（大小由变量的数据类型决定）内存放着变量的值。用户可以在程序中通过变量名来引用变量的值。

3. 赋值语句

赋值语句，即赋值表达式语句，其一般形式如下：

```
变量=表达式;
```

使用时需要注意以下两点。

（1）赋值运算符左边只能是变量名，不能是常量或表达式。

（2）原则上要求赋值运算符两边的变量与表达式的结果的数据类型保持一致，如果出现不一致的情况，那么以左边变量的数据类型为基准，右边表达式的结果先自动转换为左边变量的数据类型，再赋值给左边的变量。

4. 数据的输入/输出

C 语言中没有专门的输入/输出语句，所有数据的输入/输出都是由库函数完成的。最常用的输入/输出函数有 scanf 和 printf，用于字符的输入/输出函数有 getchar 和 putchar，一般使用形式如下：

```
scanf("格式控制字符串",输入项地址列表);
printf（"格式控制字符串",输出项列表);
字符变量=getchar();
putchar(字符变量);
```

例如：

```
scanf("%d%d",&x,&y);    /*如果准备输入的数据为 1 和 2，那么输入格式为
                          "1 2<回车>" 或 "1<回车>2<回车>"*/
scanf("%d,%d",&x,&y);    /*如果准备输入的数据为 1 和 2，那么输入格式为
                          "1,2<回车>"*/
printf("a=%7.2f",a);    /*如果变量 a 的值为 1.247，那么输出格式为
                          "a= 1.25"*/
```

为了使用上述库函数，源文件的开头应包含以下编译预处理命令：

```
#include <stdio.h>
```

或者

```
#include "stdio.h"
```

5. 顺序结构

顺序结构表示程序按语句的先后顺序执行，其流程图如图 2-2-1 所示。

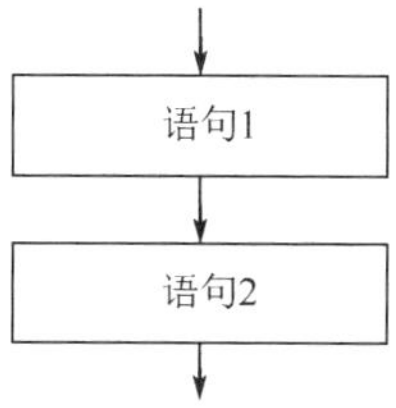

图 2-2-1　顺序结构的流程图

C 语言采用自顶向下的执行顺序，其基本构成包括定义变量、输入数据、处理数据和输出数据。其中，定义变量的数量和数据类型要根据实际需要处理的问题来决定。

读者可以参考下面的实例来掌握使用顺序结构编写简单 C 语言程序的方法。

三、实例解析

【实例 2-1】输入两个整数，计算并输出它们的平均值。

问题分析：本实例需要输入两个整型数据，输出一个实型数据（平均值可能为实数），因此需要定义 3 个变量，分别用于存放两个整数和一个平均值。

源代码：

```
#include<stdio.h>
main()
{   int a,b;
    float c;
    scanf("%d%d",&a,&b);
    c=(a+b)/2;
    printf("average=%f\n",c);
}
```

运行结果如下：

```
输入: 2 5
输出:  average=3.000000
```

思考讨论：

（1）为什么程序不能计算出正确结果"3.500000"呢？

因为算术运算的优先级高于赋值运算，所以先计算(a+b)/2，再将得到的结果赋值给变量 c。在程序的开头，我们定义的 a、b 都是整型变量，因为参与运算的两个操作数都是整型的，所以结果也是整型的，就会得到 3 这个整型结果，最后将 3 赋值给变量 c 即可得到输出结果。

（2）如何修改程序才能得到正确的结果呢？

方法一：将 a、b 都定义为 float 类型。

方法二：进行强制类型转换。先将 a 加 b 的结果转换为 float 类型，再除以 2，如 c=(float)(a+b)/2。

【实例 2-2】字母转盘。要求用户输入一个小写字母，如果输入字母 a，那么转盘启动后输出字母 e；如果输入字母 b，那么转盘启动后输出字母 f，以此类推，一旦需要输出的字母超出字母 z 的范围，则重新轮回到字母 a。例如，输入字母 w，将输出字母 a。

问题分析：本实例需要输入一个字符数据，输出一个字符数据，因此可以考虑定义两个字符型变量，分别用于存放输入数据和输出数据，可以使用 scanf 或 getchar 函数输入数据，使用 printf 或 putchar 函数输出数据。

算法设计：假设变量 ch 用于存放用户输入的字符数据，首先要将它转换为题目要求的字母，如果相应的输出字母不超出字母 z 的范围，那么只需要加 4 即可；否则，要先知道它是第几个字母（假设字母 a 是第 0 个），再计算 m=ch-'a'的值，p=(m+4)%26 表示转换后的字母在 26 个字母中的位置，(m+4)%26+'a'表示转换后的字母。

源代码：

```
#include<stdio.h>
main()
{  char ch1,ch2;
   ch1=getchar();              /* 或使用 scanf("%c",&ch1); */
   ch2=(ch1-'a'+4)%26+'a';
   putchar(ch2);              /* 或使用 printf("%c",ch2); */
}
```

运行结果如下：

```
输入：g
输出：k
```

思考讨论：

（1）在 printf 函数中可以使用控制字符%d 输出字符吗？

（2）该程序能处理输入非法数据（未输入小写字母）这种情况吗？如果要处理，那么应该如何修改程序？

【实例 2-3】求方程 $ax^2+bx+c=0$ 的根，保留两位小数，其中 a、b、c 的值通过键盘输入。

问题分析：本实例需要输入 3 个实型数据（系数），输出 2 个实型数据（根），因此需要定义 5 个实型变量，分别用于存放系数和根。一元二次方程的求根公式为

$$x_1 = \frac{-b+\sqrt{b^2-4ac}}{2a} \quad x_2 = \frac{-b-\sqrt{b^2-4ac}}{2a}$$

若要求解方程的根，则需要使用库函数 sqrt，并在源文件的开头包含头文件 "math.h"，同时通过格式控制符%.2f 来保留两位小数。

源代码：

```
#include<stdio.h>
#include<math.h>
main()
{   float a,b,c,x1,x2,p;
    scanf("%f%f%f",&a,&b,&c);
    p=sqrt(b*b-4*a*c);
    x1=(-b+p)/(2*a);
    x2=(-b-p)/(2*a);
    printf("x1=%.2f\nx2=%.2f\n",x1,x2);
}
```

运行结果如下：

```
输入：
2 5 3
输出：
x1=-1.00
x2=-1.50
```

思考讨论：

（1）如果出现复数的解，那么程序能否正确求解？此时应该如何修改程序？

（2）如何在输入数据前显示提示信息，以增加程序的交互性？

四、实验内容

1. 上机调试下列程序，并完成以下问题。

```
#include<stdio.h>
main()
{   int i,j,k;
    scanf("%d%d",&i,&j);
    k=i+j;
    printf("%d+%d=%d\n",i,j,k);
}
```

输入以下几组数据，观察程序运行情况和 k 的值，并分析输入是否合理。

（1）3<空格>5<回车>。

（2）2.3<空格>3.6<回车>。

（3）32756<回车>21488<回车>。

（4）2,6。

（5）8<Tab>1<回车>。

2．上机调试下列程序，并完成以下问题。

```c
#include<stdio.h>
main()
{   int x,x1,x2,x3,y;
    printf("请输入一个数 x:");
    scanf("%d",&x);
    x1=x/100;
    x2=x/10%10;
    x3=x%10;
    y=x3*100+x2*10+x1;
    printf("y=%d",y);
}
```

（1）分析变量 x1、x2、x3 分别代表什么？

（2）如果输入数据 354，那么程序运行后的结果如何？

（3）如果输入数据 800，那么程序运行后的结果如何？

（4）分析该程序的功能。

3．分析下列程序，找出其中的错误，分析错误原因，并进行修改和调试。

```c
#include<stdio.h>
main()
{   int a=3;b=5,c=7,x,y;
    scanf("%.2f",x);
    scanf("%0.1f",&y);
    a=b=c;
    x+2=x;
    z=y+3;
    return 0;
    printf("a=%d\,b=%d,c=%d,x=%.2f,y=%.1f",a,b,c,x,y);
}
```

4．上机调试下列程序，并给出程序的运行结果。

```c
#include<stdio.h>
main()
{   char c1=35,c2='E',c3;
    c3=c1+c2;
    printf("%d\n",c1/10);
    printf("%d,%c\n",c3,c3);
}
```

提示：在进行除法运算时，要注意参与运算的操作数的数据类型和结果的数据类型，同时除数不能为 0。

5．下列程序的功能是交换变量 a 和 b 的值，请填空并上机调试该程序。

```
#include<stdio.h>
main()
{   int a=4,b=10,temp;
    printf("a=%d,b=%d\n",a,b);
    _____①_____ ;
    _____②_____ ;
    _____③_____ ;
    printf("a=%d,b=%d\n",a,b);
}
```

6．上机调试下列程序，并给出程序的运行结果。

```
#include<stdio.h>
main()
{   char a='A';
    int x=a;
    putchar(a);
    putchar(x+1);
    putchar('\n');
    putchar('\103');
}
```

7．编写一个程序，计算以 r 为半径的圆形的周长和面积，以及以 r 为半径的球体的表面积和体积。其中，r 的值通过键盘输入，结果保留两位小数。

8．编写一个摄氏温度与华氏温度之间的转换程序，要求输入摄氏温度 C，可以计算并输出华氏温度 F，转换公式为

$$F = \frac{9}{5}C + 32$$

9．编写一个程序，要求输入一个 4 位整数，可以将这个整数的各位数字求和并输出求和结果。例如，输入 6752，输出 6+7+5+2 的结果 20。

10．编写一个程序，求下列多项式的值。

$$y = \frac{3}{5}x^5 + 11x^4 - 7.9x^3 - \frac{7}{3}x^2 + 2.4x - 4$$

要求：（1）要有输入数据的提示语句。

（2）运行程序时通过键盘输入 x 和 y 的值，结果保留 3 位小数。

11．编写一个程序，要求通过键盘输入两个电阻的值，分别求将它们并联和串联后的电阻值，结果保留两位小数。

注：并联电阻和串联电阻的电阻值计算公式如下。

并联电阻：$R_p = \dfrac{R_1 \times R_2}{R_1 + R_2}$　　　　串联电阻：$R_s = R_1 + R_2$

12．已知一幢楼房的高度为 H 米，共有 N 层，小明家住 X 层。编写一个程序，要求输入 H、N、X 的值，计算并输出小明家房间地板距离地面的高度为多少米，其中 N 和 X 均为整数。

13．编写一个程序，要求通过键盘输入一个大写英文字母，将其转换为小写英文字母，并输出转换后的小写英文字母及其十进制 ASCII 值。

提示：小写字母的十进制 ASCII 值与其对应的大写字母的十进制 ASCII 值相差 32。

14．编写一个程序，要求输入一个 3 位整数，复制其百位和个位数字，转换为一个 5 位整数并输出。例如，输入 123，转换为 11233 并输出。

15．编写一个程序，输入两组数据 $x1$、$y1$ 和 $x2$、$y2$，它们分别代表平面直角坐标系中的两个点，求这两个点之间的距离。

实验 **3**

选择结构程序设计

一、实验目的

1. 掌握使用关系表达式和逻辑表达式表示条件的方法。
2. 掌握 if 语句的 3 种形式及其适用场景。
3. 掌握选择结构的嵌套使用方法。
4. 掌握 switch 语句的使用方法。
5. 熟悉选择结构程序设计的基本思路。

二、预备知识

1. 关系表达式与逻辑表达式

我们通常使用关系表达式和逻辑表达式来表示条件，关系表达式和逻辑表达式的值为 0（表示条件不成立）或 1（表示条件成立）。

事实上，C 语言中的任何表达式都可以表示条件，判断条件的真假就是计算表示条件的表达式的值，值为 0 表示条件不成立，值不为 0 表示条件成立。

注意：判断变量 x 的值是否属于某个区间[a,b]时，应当使用 "x>=a && x<=b" 表达式，而不能使用 "a<=x<=b" 表达式，后者等价于 "(a<=x) <=b"。

2. 选择结构

选择结构又称分支结构，用于处理需要根据不同条件来选择执行不同操作（分支）的问题。按照分支数量的不同，C 语言提供了 3 种基本的 if 语句，分别是单分支 if 语句、双分支 if 语句和多分支 if 语句。

（1）单分支 if 语句。

```
if(条件表达式)
{   语句块1;

}
```

（2）双分支 if 语句。

```
if(条件表达式)
{   语句块 1;
}
else
{   语句块 2;
}
```

（3）多分支 if 语句。

```
if(条件表达式 1)
{   语句块 1;
}
else if(条件表达式 2)
{   语句块 2;
}
...
else if (条件表达式 n)
{   语句块 n;
}
[else                      /*可选分支*/
{   语句块 n+1;
} ]
```

注意：如果整个分支只有一条语句，那么可以不使用花括号。当某个分支中需要执行的语句超过一条时，需要使用花括号将该分支中的所有语句括起来以构成一条复合语句。复合语句可以被当作一个整体，作为其中的一个分支，要么都执行，要么都不执行。

3. 选择结构的嵌套

如果在一个选择结构内包含另一个选择结构，就将其称为选择结构的嵌套。多分支的选择结构除了可以使用多分支 if 语句实现，还可以使用选择结构的嵌套实现。几种简单的 if 语句嵌套形式如下：

```
if(表达式 1)
    if(表达式 2)
        语句;
```

```
if(表达式 1)
    if(表达式 2)
        语句 1;
    else
        语句 2;
```

```
if(表达式 1)
    语句 1;
```

```
else
    if(表达式 2)
        语句 2;
    else
        语句 3;
```

建议采用缩进对齐方式书写程序，这样可以提高程序的可读性。当在选择结构的嵌套内出现多个 if 和多个 else 时，需要特别注意 if 和 else 的配对问题。C 语言中规定 else 总是和它前面最近的且没有其他 else 的 if 配对。

4. switch 语句

switch 语句可以被看作多分支 if 语句的变形，特别是当条件的取值为一系列整型常量时，使用 switch 语句要比使用 if 语句更加简洁、易读。

switch 语句的一般使用形式如下：

```
switch(表达式)
{   case 常量表达式 1: 语句 1; break;
    case 常量表达式 2: 语句 2; break;
    ...
    case 常量表达式 n: 语句 n; break;
    default: 语句 n+1;
}
```

switch 语句执行时会先计算表达式的值，如果表达式的值与某个 case 后面的常量表达式的值相同，则执行该分支；如果都不相同，则执行 default 后面的语句。

注意：

（1）一般情况下不能省略 case 后面的 break 语句，否则执行完该分支后不会自动跳出整个 switch 语句，程序会继续往下执行，直至遇到 break 或把 switch 语句执行完毕。

（2）各个 case 后面的常量表达式的值不能相同，否则会出现错误。

（3）分支带有 break 后，各个 case 和 default 子句的先后顺序可以变动，并不会影响程序执行结果。

（4）若判断的是一个区间，则需要将区间转换为单个值。

三、实例解析

【实例 3-1】编写一个计算三角形面积的程序。三角形面积公式为

$$s = \sqrt{p(p-a)(p-b)(p-c)}$$

其中，a、b、c 为三条边长，$p = \dfrac{a+b+c}{2}$。

问题分析：程序需要输入 3 个数据，但并非任意 3 个数据都能表示一个三角形的三条边长。例如，边长存在负数或者不满足构成三角形的条件（任意两条边长之和大于第三条边长），

就不能真正构成三角形。因此，在计算三角形面积前必须对输入的 3 个数据进行检验。

（1）是否三条边长均为正数。

（2）是否满足任意两条边长之和大于第三条边长。

如果输入的数据出错，则程序必须进行出错处理；如果输入的数据正确，则计算三角形面积。本实例需要处理两种情况，这是一个典型的双分支问题。

源代码：

```c
#include<stdio.h>
#include<math.h>
main()
{   float a,b,c,p,s;
    printf("Enter three edges of a triangle: \n");
    scanf("%f%f%f",&a,&b,&c);
    if(a<=0||b<=0||c<=0||a>=b+c||b>=a+c||c>=a+b)
        printf("Data error: invalid triangle\n");
    else
    {   p=(a+b+c)/2;
        s=sqrt(p*(p-a)*(p-b)*(p-c));
        printf("area=%f\n",s);
    }
}
```

3 次运行结果分别如下：

```
Enter three edges of a triangle: 3 4 5
area=6.000000
Enter three edges of a triangle: -3 4 5
Data error: invalid triangle
Enter three edges of a triangle: 1 2 3
Data error: invalid triangle
```

思考讨论：能否把 else 后面的一对花括号去掉？

【实例 3-2】计算阶梯电费。为了倡导居民节约用电，某省电力公司执行阶梯电价，安装一户一表的居民用户电价分为两个阶梯：月用电量不超过 50 千瓦时（含 50 千瓦时）的，电价为 0.53 元/千瓦时；月用电量超过 50 千瓦时的，超出部分的用电量电价上调 0.05 元/千瓦时。如果输入的用电量数据小于 0，则输出"Invalid Value"，请编写程序，计算并输出电费。

问题分析：本实例需要根据已知条件进行上面 3 种情况的判断与分析，相当于分段函数，因此采用多分支选择结构来实现。

源代码：

```c
#include<stdio.h>
```

```
main()
{   float amount,fee;
    scanf("%f",&amount);
    if(amount<0)
        printf("Invalid Value");
    else if(amount<=50)
        printf("%f\n",0.53*amount);
    else
        printf("%f\n",50*0.53+(amount-50)*0.58);
}
```

运行结果如下：

```
输入：80
输出：43.900000
```

思考讨论：else if 后面的条件"amount<=50"与"0<=amount<=50"等价吗？

【**实例 3-3**】输入 3 个整数，并按从小到大的顺序输出。

问题分析：先对前两个整数进行处理，让它们按从小到大的顺序存放，然后对第 3 个整数进行处理，处理方式有 3 种，可以采用多分支选择结构来完成。

算法设计：本实例程序的运行按顺序可以分为三大步骤，即输入、处理和输出。其中，处理部分可以结合使用单分支 if 语句和多分支 if 语句来实现。

源代码：

```
#include<stdio.h>
main()
{   int a,b,c,t;
    scanf("%d%d%d",&a,&b,&c);
    if(a>b)
    {   t=a;
        a=b;
        b=t;
    }
    if(c<a)
        printf("%d %d %d",c,a,b);
    else if(c>b)
        printf("%d %d %d",a,b,c);
    else
        printf("%d %d %d",a,c,b);
}
```

运行结果如下：

```
输入：9 1 5
输出：1 5 9
```

思考讨论：

（1）第 1 个单分支 if(a>b)语句后面的花括号是否可以省略？

（2）最后的 else 是与哪个 if 配对的？

【**实例 3-4**】编写一个程序，输入年份和月份，计算某年中的某月有多少天。

提示：一年中各月的天数（除 2 月外）都是固定的，即 1 月、3 月、5 月、7 月、8 月、10 月和 12 月每月都是 31 天，4 月、6 月、9 月和 11 月每月都是 30 天。2 月的天数，在平年是 28 天，在闰年是 29 天，因此要先判断输入的年份是否为闰年。年号 year 为闰年的条件为：该年号能被 4 整除但不能被 100 整除，或者该年号能被 400 整除。

问题分析：本实例属于多分支情况，根据单个值的判断情况来选择执行不同的分支，并且条件为一系列整型常量，非常适合使用 switch 语句。

源代码：

```c
#include<stdio.h>
main()
{   int year,month;
    scanf("%d%d",&year,&month);
    switch(month)
    {   case 1:
        case 3:
        case 5:
        case 7:
        case 8:
        case 10:
        case 12: printf("31 天"); break;
        case 4:
        case 6:
        case 9:
        case 11: printf("30 天"); break;
        case 2:
            if (year%4==0&&year%100!=0||year%400==0)
                printf("29 天");
            else
                printf("28 天");
            break;
        default: printf("数据有误");
    }
}
```

运行结果如下：

输入：2023 2

输出：28 天

思考讨论：本实例如果使用多分支 if 语句来实现，那么应该如何修改程序？

四、实验内容

1. 阅读下列程序，分析其运行结果。

```c
#include<stdio.h>
main()
{   int b,a=10;
    scanf("%d",&b);
    if (a=b)
        printf("a=b\n");
    else
        printf("a!=b\n");
}
```

提示：条件表达式此时是一个赋值表达式，而不是关系表达式。

2. 下列程序的功能是：当输入字符'i'或'I'时，输出"I am a student! "；当输入字符'y'或'Y'时，输出"You are a teacher! "；当输入字符'h'或'H'时，输出"He is a good student! "；当输入其他字符时，则按原样输出。上机调试该程序，并修改其中的错误。

```c
#include "stdio.h"
main()
{   char c;
    c=getchar();
    if(c=='i'||c=='I')
        printf("I am a student! ");
    if(c=='y'||c=='Y')
        printf("You are a teacher! ");
    if(c=='h'||c=='H')
        printf("He is a good student! ");
    else
        printf("%c\n",c);
}
```

3. 在下列程序运行时输入一个两位数或三位数，并将其逆序输出。例如，若输入 25，则输出 52；若输入 123，则输出 321，请填空。

```c
#include "stdio.h"
main()
{   int x,i,j,k;
```

```
         ①    ;
if(x<100)
{   i=x/10;
    j=x-10*i;
    printf("%d%d\n",j,i);
}
else
{       ②    ;
        ③    ;
        ④    ;
    printf("%d%d%d",k,j,i);
}
}
```

4．通过键盘输入一个正整数，如果个位数是 5 且十位数是 6，则打印"Yes"，否则打印"No"。

5．通过键盘输入一个取值范围为 1～7 的正整数，并打印对应的星期几。比如，输入 5，则打印"星期五"。

6．计算分段函数，已知函数定义如下：

$$y = \begin{cases} x + e^x & x < 1 \\ 2x - 1 & 1 \le x < 10 \\ \lg|x| - 11 & x \ge 10 \end{cases}$$

编写程序，实现上述函数的功能。

7．假设购买地铁车票的规定如下：乘 1～4 站，3 元/位；乘 5～9 站，4 元/位；乘 9 站以上，5 元/位。编写程序，输入乘车人数和站数，输出应付金额。

8．航运公司托运行李规定：行李质量不超过 10 千克（含 10 千克）的，托运费按每千克 15 元计费；若超过 10 千克，则超出部分每千克加收 10 元，编写程序，完成计费工作。

9．编写程序，输入一个字符 ch，若 ch 是数字字符，则显示"该字符是数字"；若 ch 是大写字母，则显示"该字符是大写字母"；若 ch 是小写字母，则显示"该字符是小写字母"；若 ch 是其他字符，则显示"该字符是其他字符"。

10．为运输公司编写一个计算货物运费的程序。路程（s）越远，每千米运费就越低，标准如下：

s<250千米	没有折扣
250千米≤s<500千米	2%折扣
500千米≤s<1000千米	5%折扣
1000千米≤s<2000千米	8%折扣
2000千米≤s<3000千米	10%折扣
s≥3000千米	15%折扣

假设每吨货物每千米的基本运费为 p，货物质量为 w，距离为 s，折扣为 d，则总运费 f 的计算公式为 $f=pws(1-d)$。

11．编写程序，输入一个取值范围为 100～999 的三位数，判断该三位数是否为水仙花数，如果是，则输出 "yes"，否则输出 "no"。

提示：所谓 "水仙花数"，是指一个三位数，并且其各位数字的立方和等于该数本身。例如，153 是一个 "水仙花数"，因为 $1^3+3^3+5^3=153$。

12．高速公路超速管理规定：超速 10% 以下，警告处理，不扣分也不罚款；超速 10%～20%，扣 3 分，罚款 200 元；超速 20%～50%，扣 6 分，罚款 200 元；超速 50% 以上，扣 12 分，罚款 500 元。编写程序，根据超速额度判别处罚结果。

13．给定开始时间和结束时间，编写程序，计算马拉松长跑时间（结果以 hh:mm 形式输出）。比如，给定开始时间为 10:20，结束时间为 12:10，则长跑时间为 01:50。

14．编写程序，计算学生奖学金等级，以 3 门功课成绩 $M1$、$M2$、$M3$ 作为评奖依据。奖学金等级评定标准如下。

A 等奖：符合下列条件之一者，可得 A 等奖。

（1）平均分大于 95 分。

（2）两门功课成绩是 100 分，且第三门功课成绩不低于 80 分。

B 等奖：符合下列条件之一者，可得 B 等奖。

（1）平均分大于 90 分。

（2）一门功课成绩是 100 分，且其他两门功课成绩均不低于 75 分。

C 等奖：3 门功课成绩都不低于 75 分。

要求：符合条件者就高不就低，只能获得较高等级奖学金。学生 3 门功课成绩通过键盘输入，输出奖学金等级。

实 验 4

循环结构程序设计

一、实验目的

1. 掌握 while 语句、do-while 语句和 for 语句的使用方法。
2. 掌握循环结构的嵌套使用方法。
3. 掌握跳转语句 break 和 continue 的使用方法。
4. 理解穷举法和迭代法的基本思想，并能解决实际问题。

二、预备知识

1. 循环结构

循环结构适用于处理需要重复多次才能完成的操作，在使用过程中应当注意以下 3 个要素。

（1）循环体。需要重复执行的操作（语句块）构成了循环体。

（2）循环条件。循环条件用于判断在什么情况下需要重复执行循环体，通常是一个变量表达式（该变量被称为循环变量）。由于循环次数是有限的（否则将出现死循环），因此循环条件表达式的值应当在循环执行过程中发生变化，直至不满足循环条件而结束循环。通常通过在循环体中改变循环变量的值来改变循环条件。

（3）循环初始化。第一次执行循环体前所做的准备工作被称为循环初始化。根据需要，循环初始化只在循环开始前进行一次。

while 语句、do-while 语句和 for 语句的基本形式如下。

（1）while 语句。

```
/* 循环初始化 */
while(循环条件表达式)
    循环体                        /* 包含改变循环变量值的语句 */
```

（2）do-while 语句。

```
/* 循环初始化 */
do
{   循环体                              /* 包含改变循环变量值的语句 */
}while(循环条件表达式);
```

（3）for 语句。

```
for(循环变量赋初值；循环条件；循环变量改变)
    循环体
```

根据循环的执行流程，可以将循环结构分为以下两种形式。

（1）当型循环。先判断循环条件，当循环条件为真时重复执行循环体，否则退出循环，执行循环结构后面的语句。while 语句和 for 语句属于当型循环。

（2）直到型循环。先执行一次循环体，再判断循环条件，当循环条件为真时重复执行循环体，否则退出循环，执行循环结构后面的语句。do-while 语句属于直到型循环。

当型循环与直到型循环的区别在于：当型循环的循环次数可能为 0，直到型循环的循环次数至少为 1。

2. 循环嵌套

如果在一个循环体内完整包含另一个循环结构，则将其称为循环嵌套或多重循环。嵌套层次可以根据需要确定，嵌套一层称为二重循环，嵌套二层称为三重循环，以此类推。需要注意的是，内循环的控制变量通常与外循环的控制变量不同。除了循环结构之间的嵌套，循环结构和选择结构之间也可以进行嵌套。下面列举了几种常见的嵌套形式。

```
for(…)          for(…)          while(…)         if(…)
{   …           {   …           {   …            {   …
    if(…)           for(…)          for(…)           while(…)
    {   …           {   …           {   …            {   …
    }               }               }                }
    …               …               …                …
}               }               }                }
```

3. 跳转语句 break 和 continue

break 语句在 switch 语句的 case 语句中是跳出 switch 开关的语句。在 while、for 等语句的循环体中遇到 break 时，会终止循环而去执行循环结构后面的语句。break 语句通常和 if 语句配合使用，即满足条件时便跳出循环。

continue 语句的作用是跳过本次循环体中剩余的语句而强制进入下一次循环。continue 语句只用在 while、for 等循环中，也常与 if 语句配合使用，即满足条件时会中断本次循环而去执行下一次循环。

4．穷举法和迭代法

（1）穷举法。

基本思想：一一列举各种可能的情况，并判断哪一种是符合要求的解。

在使用穷举法解决问题时，通常需要从以下 2 个方面入手。

① 根据问题所涉及情况的种数是否确定来决定使用什么循环语句。若种数确定，则可以考虑使用 for 语句，否则应考虑使用 while 语句或 do-while 语句。

② 对于满足要求的条件，通常使用 if 语句来进行判断。

对于一些无法使用解析法求解的问题，通常使用穷举法来处理，读者可以通过实例 4-3 来掌握使用循环结构处理穷举问题的一般方法。

（2）迭代法。

基本思想：由一个给定的初值，不断通过某个算法（迭代公式）利用旧值计算出新值，再用新值取代旧值继续迭代，直至计算出符合要求的解。

在使用迭代法解决问题时，通常需要从以下 3 个方面分析。

① 确定迭代变量，即确定哪个变量的值可以直接或间接地不断由旧值递推出新值。

② 确定迭代公式，即如何利用旧值递推出新值。

③ 迭代过程控制，即什么时候结束迭代。

读者可以通过实例 4-4 来掌握使用循环结构处理迭代问题的一般方法。

三、实例解析

【实例 4-1】使用循环打印 26 个英文大写字母（A～Z）。

问题分析：相邻字母的 ASCII 值相差 1，本实例要求使用循环打印 26 个英文大写字母，所以循环次数已知，可以使用 for 循环来完成。

源代码：

```c
#include<stdio.h>
main()
{   int i;
    for(i=0;i<26;i++)
        printf("%c",'A'+i);
    putchar('\n');
}
```

运行结果如下：

```
ABCDEFGHIJKLMNOPQRSTUVWXYZ
```

【**实例 4-2**】现有一个分数序列：1/2、2/3、3/5、5/8、8/13、13/21……计算该序列的前若干项之和，直到最后一项的值小于10^{-6}为止。

问题分析：这是一个序列的前 *N* 项求和问题，解题的基本思路是先找出通项的规律，再通过循环将通项累加起来。由于循环条件是根据通项的大小来决定的，即循环次数未知，因此可以考虑使用 while 循环。

算法设计：从序列的规律来看，从第 2 项开始，当前通项的分子是前一项的分母，分母是前一项的分子和分母之和。

源代码：

```
#include<stdio.h>
main()
{  float a=1,b=2,c,s,t;
   s=0,t=a/b;
   while(t>=1E-6)
   {   s+=t;
       c=a;
       a=b;
       b=b+c;
       t=a/b;
   }
   printf("%.3f\n",s);
}
```

运行结果如下：

```
113.636
```

思考讨论：能否将 c=a 语句去掉，累加和 s 为什么要初始化为 0？

【**实例 4-3**】假设有一个气球，容量是 *v* 升，如果气球内的气体体积超过其容量，气球就会爆炸。一个小朋友每天向气球内吹气 in 升，而气球每天都会撒气 out 升，如果该小朋友从今天开始向气球内吹气，那么气球会在第几天爆炸？

问题分析：气球内初始的气体体积 $x=0$，在该小朋友吹完一次气之后，气球内的气体体积为 $x=x+in$，如果 $x \geq v$，气球就会爆炸，否则气球内在当天撒气后的气体体积为 $x=x-out$。由于循环次数未知，因此可以使用 while 循环进行求解。

源代码：

```
#include<stdio.h>
main()
{   int v,in,out,x,days;
    scanf("%d%d%d",&v,&in,&out);
    x=0,days=1;
```

```
    while(1)
    {   x=x+in;
        days++;
        if(x>=v)
            break;
        x=x-out;
    }
    printf("气球会在第%d天爆炸\n",days);
}
```

运行结果如下：

输入：10 2 1
输出：气球会在第 10 天爆炸

思考讨论： 如果不使用 break 语句跳出循环，那么循环条件应该改成什么？注意和本实例中 if 后面的条件 "x>=v" 做比较。

【实例 4-4】 编写程序，计算 1！+2！+3！+…+10！。

问题分析： 这是一个典型的求和问题，解题的基本思路是逐项相加，通常使用循环来实现。每次循环在循环体中累加一项，本实例所需累加的项数确定，即循环次数确定，因此可以考虑使用 for 语句。

算法设计： 计算第 i 项通常有以下两种方法。

（1）通项法。找到通项公式，利用项编号计算当前项。

（2）递推法。找到递推公式，利用前一项计算当前项。

在本实例中，两种方法均可使用，当使用第一种方法时，需要在循环体中嵌套另一个循环来计算 $i!$，程序整体结构为二重循环。当使用第二种方法时，可以利用递推公式 $t=t×i$ 来计算第 i 项，程序整体结构为一重循环。显然，第二种方法的执行效率更高。

源代码：

```
/*方法一*/
#include<stdio.h>
main()
{   float s,i,t,j;
    s=0;
    for(i=1;i<=10;i++)
    {   t=1;
        for(j=2;j<=i;j++)
            t*=j;
        s=s+t;
    }
    printf("1!+2!+3!+...+10!=%.0f\n",s);
}
```

```
/*方法二*/
#include<stdio.h>
main()
{   float s,i,t;
    s=0;
    t=1;
    for(i=1;i<=10;i++)
    {   t=t*i;
        s=s+t;
    }
    printf("1!+2!+3!+...10!=%.0f\n",s);
}
```

运行结果如下：

```
1!+2!+3!+...+10!=4037913
```

思考讨论：

（1）方法一中的"t=1"能否放在第 1 个 for 语句的外面？

（2）比较两种方法分别循环多少次。

【实例 4-5】编写程序，打印以下图案。

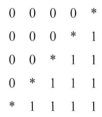

```
0 0 0 0 *
0 0 0 * 1
0 0 * 1 1
0 * 1 1 1
* 1 1 1 1
```

问题分析：打印图案问题的基本思路是逐行打印，每行逐列打印，一般使用二重循环来实现，外循环用于控制打印的行数；内循环用于控制每行的内容，包括空格数、字符数、字符内容等。由于行数和每行的字符数都是确定的，因此使用嵌套的 for 语句。

请注意以下两点。

（1）每行的字符数或字符内容可能与行号有某种联系。例如，第 1 行打印 1 个字符，第 2 行打印 3 个字符，第 3 行打印 5 个字符，可以推导出第 i 行打印 $2i-1$ 个字符。

（2）内循环结束后注意换行。

算法设计：本实例要求打印一个 5 行 5 列的图案，根据上文分析，可以使用循环语句"for(i=1;i<=5;i++)"来控制行，第 i 行先打印 $5-i$ 个 0，再打印一个*，接着打印 $i-1$ 个 1。

源代码：

```
#include<stdio.h>
main()
{   int i,j;
```

```
    for(i=1;i<=5;i++)
    {   for(j=1;j<=5-i;j++)
           printf("0 ");
       printf("* ");
       for(j=1;j<=i-1;j++)
           printf("1 ");
       printf("\n");                  /*换行*/
    }
}
```

思考讨论：能否使用 while 语句来实现本实例？如果只打印上三角或下三角部分，那么应该如何修改程序？

【实例 4-6】某飞机制造厂第一年制造了 3 架飞机，自第二年起，每年的产量都是上一年的产量减去 0.5 架再翻一番。请编程计算第几年的产量将超过 1000 架。

问题分析：这是一个典型的迭代问题，利用上一年的产量计算本年度的产量，迭代初值为 3。此外，本实例还是一个计数问题。

算法设计：迭代变量即年度产量，用 x1 表示，迭代公式为 x1=（x0-0.5）*2，其中，x0 表示上一年的产量。由于迭代次数无法确定，因此使用 while 语句或 do-while 语句。

源代码：

```
#include<stdio.h>
main()
{   float x0=3.0,x1;
    int n=1;                  /*计数器初始化*/
    do
    {   x1=(x0-0.5)*2;        /*利用迭代公式计算新值*/
       x0=x1;                 /*新值取代旧值*/
       n++;                   /*计数器的值加 1*/
    }while(x1<=1000);         /*迭代控制条件*/
    printf("第%d 年产量为%4.0f 架，超过 1000 架!\n",n,x1);
}
```

运行结果如下：

第 10 年产量为 1025 架，超过 1000 架！

思考讨论：

（1）能否使用 while 语句来实现本实例？

（2）如果将计数器的值初始化为 0，那么应该如何修改程序？

（3）如果要求统计年度产量超过 1000 架时的总产量，那么应该如何修改程序？

四、实验内容

1. 通过键盘输入一串字符并以符号"#"结束，统计左括号和右括号的个数。

2. 给定整数 a 和 b，打印[a,b]区间内所有包含数字 7 的整数。

3. 编写程序，将一个正整数分解质因数并输出。例如，输入 90，输出 90=2*3*3*5。

4. 上机调试下列程序，并回答以下问题。

```
#include<stdio.h>
#define N 2
main()
{   long x;
    int r,t=1,ten=0,y;
    printf("请输入一个二进制数:");
    scanf("%ld",&x);
    y=x;
    do
    {   r=x%10;
        ten=ten+r*t;
        t=t*N;
        x=x/10;
    }while(x!=0);
    printf("%ld=>%d\n",y,ten);
}
```

（1）说明该程序的功能。

（2）如果将符号常量 N 定义为 8，那么该程序的功能是什么？

（3）修改程序，使其允许用户多次输入二进制数进行处理，直到输入 999 时结束。

5. 下列程序的功能是输出如下形式的九九乘法表，但其中存在多处错误，请上机调试并修改这些错误。

```
    1*1=1
    2*1=2    2*2=4
    3*1=3    3*2=6    3*3=9
    ……………………………………………
    9*1=9    9*2=18   ………………     9*9=81
```

```
#include<stdio.h>
main()
{   int i=1,j=1;
    while(i<=9)
        while(j<=9)
            printf("%d*%d=*d\n",i,j,i*j);
}
```

6. 任意一个两位数乘以 167 加上 2500 所得到的值，其末尾两位数乘以 3 后所得到的值的末尾两位数正好等于该两位数本身。例如，35×167+2500=8345，45×3=135，135 的末尾两位数正好等于 35。下列程序用于验证该结论是否正确，请填空。

```
#include<stdio.h>
main()
{  int i,a,b,c,d;
   for(____①____;i<=99;i++)
   {   a=i*167+2500;
       ____②____;
       c=b*3;
       d=c%100;
       if(____③____)break;
   }
   if(____④____)
       printf("结论正确\n");
   else
       printf("结论错误\n");
}
```

7. 下列程序的功能是判断一个长整型正数是几位数，请填空。

```
#include<stdio.h>
main()
{  long x,y;
   int n;
   ____①____;
   printf("请输入一个长整型正数:");
   scanf("%ld",&x);
   y=____②____;
   if(____③____)
   {  do
      {  n++;
         y=y/10;
      }while(____④____);
      printf("%ld 是%d 位数\n",x,n);
   }
   else
       printf("数据格式错误\n");
}
```

8. 编写程序，计算 $1-\dfrac{1}{3!}+\dfrac{1}{5!}-\dfrac{1}{7!}+\cdots+\dfrac{(-1)^{n-1}}{(2n-1)!}$。其中，$n$ 的值通过键盘输入。

9. 编写程序，计算 $1+\dfrac{1}{3!}+\dfrac{1}{5!}+\cdots+\dfrac{1}{(2n+1)!}$，直到最后一项小于 0.000001 为止，并统计一共计算了多少项。

10. 编写程序，打印以下数字金字塔图案。其中，图案的层数通过键盘输入。

$$1$$
$$1 \quad 2 \quad 1$$
$$1 \quad 2 \quad 3 \quad 2 \quad 1$$
$$1 \quad 2 \quad 3 \quad 4 \quad 3 \quad 2 \quad 1$$

11. 编写程序，打印以下图案。

A
BBB
CCCCC
DDDDDDD
CCCCC
BBB
A

12. 在抗洪抢险时，需要搬运沙袋，要求 36 个人一起搬运 36 袋沙袋，且人人参与、一次性搬完。已知成年男性一人搬 3 袋，成年女性一人搬 2 袋，两个小孩合搬 1 袋。编写程序，统计搬运沙袋的成年男性、成年女性、小孩人数一共有多少种组合，并输出各种组合。

13. 编写程序，通过键盘输入一个正整数 n，计算并打印满足以下不等式的最大的 m 值。

$$1!+2!+3!+\cdots+m!<n$$

14. 阿米巴原虫采用原始分裂方式繁殖，每分裂一次要用 3 分钟。将若干个阿米巴原虫放入盛满营养液的容器中，45 分钟后容器内恰好充满阿米巴原虫。已知容器最多可以装 2^{20} 个阿米巴原虫，编写程序，计算开始时往容器中放了多少个阿米巴原虫。

15. 猪八戒摘了若干个人参果，立即吃了这些人参果的二分之一，觉得不过瘾，又吃了一个。1 个小时后，他又将剩下的人参果吃了二分之一，随后又吃了一个。以后每过 1 个小时，他就吃上次剩下人参果的二分之一再加一个，等到第 6 个小时再想吃时，发现只剩下一个了。编写程序，计算他最开始一共摘了多少个人参果。

实验 5

一维数组及应用

一、实验目的

1. 掌握一维数组的声明及元素引用方法。
2. 掌握一维数组中元素的排序方法。
3. 掌握一维数组中元素的查找方法。
4. 熟悉应用数组进行程序设计的基本思路。

二、预备知识

1. 一维数组

任何数组在使用前都必须先声明，即指定数组的名称、大小和元素类型。一旦声明了一个数组，系统就会为它在内存中分配一个所申请大小的存储空间。

（1）一维数组的声明。

一维数组的声明形式如下：

```
类型说明符    数组名[常量表达式];
```

其中，"类型说明符"是指数组中每个数组元素的数据类型；"数组名"用于指定数组的名称。C 语言规定，一个数组的名称表示该数组在内存中所分配的一块存储区域的首地址，因此数组名是一个地址常量，不允许用户对其值进行修改；"常量表达式"表示该数组拥有多少个元素，即数组的大小，它的值必须是正整数。例如：

```
#define N 100
float x[10];
int a[N];      /*N是常量，表示元素个数*/
```

（2）一维数组元素的引用。

一维数组元素的引用形式如下：

```
数组名[下标]
```

其中，"下标"可以是整型常量，也可以是整型变量或表达式。它是某个数组元素到数组开始元素的位置偏移量，第 1 个元素偏移量是 0，第 2 个元素偏移量是 1，以此类推。下标的值必须是非负整数。在规范使用数组元素时，下标的值必须小于该数组的长度。例如：

```
a[0]=100;
```

通常使用一重循环对一维数组元素逐个进行处理。例如，输入 N 个元素：

```
for(i=0;i<N;i++)               /*N 是常量，表示元素个数*/
    scanf("%d",&a[i]);
```

输出 N 个元素，每行 5 个：

```
for(i=0;i<N;i++)
{   printf("%d ",a[i]);
    if((i+1)%5==0)            /*每打印 5 个整数就换行*/
        printf("\n");
}
```

2. 排序算法

（1）选择排序法。

算法描述（升序）如下。

① 已知一个包含 n 个数的序列（存放在数组 a 中，分别为 a[0]～a[n−1]），从中选出最小的数，并与第 0 个数交换位置。

② 除第 0 个数外，在其余 n-1 个数中选出最小的数，并与第 1 个数交换位置。

③ 以此类推，在选择了第 n-1 次后，这个数列已经按照升序排列了。

部分代码如下：

```
for(i=0;i<N-1;i++)
{   p=i;
    for(j=i+1;j<N;j++)
        if(a[p]>a[j])
            p=j;
    if(p!=i)
    {   t=a[i];
        a[i]=a[p];
        a[p]=t;
    }
}
```

（2）冒泡排序法。

算法描述（升序）如下。

① 第 1 趟：将每相邻的两个数进行比较，并将大数交换到后面，经过 n-1 次两两相邻比较后，最大的数已经被交换到最后一个位置。

② 第 2 趟：将前 $n-1$ 个数（最大的数已在最后，保持其不动）按照上述方法进行比较，经过 $n-2$ 次两两相邻比较后，次大的数已经被交换到倒数第 2 个位置。

③ 以此类推，n 个数一共要进行 $n-1$ 次比较，在第 x 趟中要进行 $n-x$ 次两两比较。

部分代码如下：

```
for(i=0;i<N-1;i++)
    for(j=0;j<N-i-1;j++)
        if(a[j]>a[j+1])
        {   t=a[j];
            a[j]=a[j+1];
            a[j+1]=t;
        }
```

3. 查找算法

（1）顺序查找法（在一系列数据中查找某数 x）。

算法描述：将一系列数据存放在一维数组中，从数组的第 1 个元素开始，按顺序扫描数组，依次将扫描到的元素与给定值 x 相比较，若当前扫描到的元素与 x 相等，则查找成功；若扫描结束后，仍未找到等于 x 的元素，则查找失败。

部分代码如下：

```
index=-1;                /*查找到的元素下标，-1 表示查找失败*/
for(i=0;i<N;i++)
 if(x==a[i])
 {   index=i;
     break;
 }
```

（2）折半查找法（只能对有序数列进行查找）。

假设 n 个有序数（从小到大）被存放在数组 a 中，要查找的数为 x。使用变量 bot、top、mid 分别表示查找数据范围的底部、顶部和中间位置，mid=(top+bot)/2，折半查找的算法描述如下。

① 如果 x=a[mid]，那么表示已经找到 x 并退出循环，否则进行下面的判断。

② 如果 x<a[mid]，那么 x 必定落在 bot 和 mid-1 范围内，即 top=mid-1。

③ 如果 x>a[mid]，那么 x 必定落在 mid+1 和 top 范围内，即 bot=mid+1。

④ 在确定新的查找范围后，需要重新计算 mid 的值，再次重复进行以上比较，直到找到 x 或者 bot>top（表示查找失败）为止。

部分代码如下：

```
index=-1;                /*查找到的元素下标，-1 表示查找失败*/
bot=0;
top=N-1;
```

```
do
{   mid=(top+bot)/2;
    if(x==a[mid])
    {   index=mid;
        break;
    }
    else if(x<a[mid])
        top=mid-1;
    else
        bot=mid+1;
}while(bot<=top);
```

三、实例解析

【**实例 5-1**】编写程序，输入 10 个整数，交换首尾元素后输出。

问题分析：当需要处理一批类型相同的数据时，可以考虑使用一维数组来存放这批数据。使用单重循环输入所有元素，经过处理后，使用循环输出。

算法设计：本实例程序的运行按顺序可以分为三大步骤，即输入、处理和输出。其中，输入和输出使用循环结构来实现。

源代码：

```
#include<stdio.h>
main()
{   int a[10],i,t;
    for(i=0;i<10;i++)
        scanf("%d",&a[i]);
    t=a[0];
    a[0]=a[9];
    a[9]=t;
    for(i=0;i<10;i++)
        printf("%d ",a[i]);
    printf("\n");
}
```

运行结果如下：

```
输入：1 3 5 7 9 2 4 6 8 0
输出：0 3 5 7 9 2 4 6 8 1
```

思考讨论：

（1）注意输入/输出时，循环变量的变化范围。

（2）注意数组的首个元素是 a[0]，长度为 10 的数组最后的元素是 a[9]。

【实例 5-2】编写程序，输入整数 n（n 的值不能超过 100）和随机数种子 x，随机产生 n 个两位正整数，并打印出来，输出其中的最大数和次大数。

问题分析：前文说过，当需要处理一批类型相同的数据时，可以考虑使用一维数组来存放这批数据。但由于本程序事先无法确定数据的个数，因此定义数组时可以采取一种简单化的处理方式，即将数组的元素个数定义为一个较大的数。

算法设计：先将 a[0]、a[1] 中较大的数存放到 m1 中，较小的数存放到 m2 中；再将 a[2]～a[n-1] 中的数逐个与 m1 做比较，若大于 m1，则将 m2 修改为 m1 的值，并修改 m1 为该元素的值，否则与 m2 做比较，若大于 m2，则修改 m2 为该元素的值；最后输出 m1 和 m2。

源代码：

```c
#include<stdio.h>
#include<stdlib.h>
main()
{   int a[100],n,x,i,m1,m2;
    scanf("%d %d",&n,&x);
    srand(x);                    /*初始化随机数生成器，设置随机数种子*/
    for(i=0;i<n;i++)
    {   a[i]=rand()%90+10;
        printf("%3d",a[i]);
    }
    printf("\n");
    if(a[0]>a[1])
    {   m1=a[0];
        m2=a[1];
    }
    else
    {   m1=a[1];
        m2=a[0];
    }
    for(i=2;i<n;i++)
        if(a[i]>m1)
        {   m2=m1;
            m1=a[i];
        }
        else if(a[i]>m2)
            m2=a[i];
    printf("max=%d submax=%d\n",m1,m2);
}
```

运行结果如下：

```
输入：6 2023
输出：84 21 83 90 53 75
     max=90 submax=84
```

思考讨论：

（1）如果要求同时打印最大元素和次大元素所在的下标，那么应该如何修改程序？

（2）如果程序中实际输入的数据个数超过 100，那么会导致怎样的结果？如何修改程序，才能保证所输入的 *n* 是一个不超过 100 的正整数？

（3）只要输入相同的 *n* 和种子 *x*，产生的随机数序列就一样。如果想让每次运行产生的数据序列不同，那么可以把日历时间作为随机数种子。请参考下列随机产生[1,10]区间内整数的程序。

```
#include<stdio.h>
#include<stdlib.h>
#include<time.h>
main()
{   int i;
    srand(time(NULL));              /*初始化随机数生成器*/
    for(i=1;i<=10;i++)
        printf("%d ",rand()%10+1);  /*产生随机数*/
    printf("\n");
}
```

【**实例 5-3**】统计一个班级某门课程考试成绩的分布情况，即分别统计成绩为 0～9 分、10～19 分、20～29 分、…、90～99 分及 100 分的学生人数。

问题分析：统计往往需要用到计数器，通常我们使用变量作为计数器，如 n。计数时可以使用 n++;语句来实现。本实例需要多个计数器，分别用于统计各个分数段的学生人数，这些计数器操作类似，可以使用一个数组来实现。我们将这样的题目称为分类统计。根据题目要求，分数段被分为 11 类，因此需要 11 个计数器，设置 b[11]数组为计数器数组，为了操作方便，现规定如下。

b[0]作为 0～9 分人数的计数器。

b[1]作为 10～19 分人数的计数器。

b[2]作为 20～29 分人数的计数器。

…

b[9]作为 90～99 分人数的计数器。

b[10]作为 100 分人数的计数器。

输入一个学生的成绩，就马上统计，无须将所有学生的成绩保留下来，所以可以使用一个变量来存放学生成绩，而无须使用数组。为了使统计结果更加清晰，打印时需要有相应的文字描述。

算法设计：根据上面的分析，可以使用两个循环进行程序设计。一个循环用于输入和统计数据，根据输入的成绩，计算对应的计数器下标 k，并使用 b[k]++;语句进行计数；另一个循环用于输出统计结果，注意每个计数器和分数段的对应关系。

源代码：

```
#include<stdio.h>
main()
{   int b[11]={0},i,x,k;
    for(i=0;i<20;i++)
    {   scanf("%d",&x);
        k=x/10;
        b[k]++;
    }
    for(i=0;i<10;i++)
        printf("%d~%d 分有%d 人\n",i*10,i*10+9,b[i]);
    printf("100 分有%d 人\n",b[i]);
}
```

运行结果如下：

输入：
65 98 73 87 53 86 89 4 15 99
100 76 45 73 56 41 71 66 68 79
输出：
0~9 分有 1 人
10~19 分有 1 人
20~29 分有 0 人
30~39 分有 0 人
40~49 分有 2 人
50~59 分有 2 人
60~69 分有 3 人
70~79 分有 5 人
80~89 分有 3 人
90~99 分有 2 人
100 分有 1 人

思考讨论：

（1）为什么要将 b[0]作为 0～9 分人数的计数器，b[1]作为 10～19 分人数的计数器……能否调换位置，比如将 b[0]作为 90～99 分人数的计数器？为什么？

（2）在输出时，先使用了 for 循环进行打印，退出循环后，再次打印了 b[i]的值，使用了循环变量 i，这样操作是否合理？使用时需要注意什么？

【实例 5-4】编写一个程序，输入 20 个 50 以内的正整数，按照从小到大的顺序排列后，每行输出 5 个整数，每个整数占 3 列，并统计这些整数中互不相同的整数个数。

问题分析：当需要对数据进行排序时，可以考虑使用数组来存放数据。输入数据后，可以先对数据进行排序，再统计互不相同的数据个数。

算法设计：根据上面的分析，首先使用循环将数据输入到一维数组中，然后使用选择排序法或冒泡排序法对数组中的数据进行排序，最后使用循环从头到尾遍历整个数组，从而对不同的数据进行计数。由于数组已经排序好了，因此先将首个最小元素存放到变量 t 中，然后按顺序检查后面的元素是否和 t 相同。如果不相同，则计数器加 1，同时修改 t 为当前元素，否则保持 t 和计数器不变。

源代码：

```
#include<stdio.h>
main()
{   int a[20],i,j,p,t;
    for(i=0;i<20;i++)
        scanf("%d",&a[i]);
    printf("排序后\n");
    for(i=0;i<19;i++)
    {   p=i;
        for(j=i+1;j<20;j++)
            if(a[p]>a[j])
                p=j;
        if(p!=i)
        {   t=a[i];
            a[i]=a[p];
            a[p]=t;
        }
    }
    for(i=0;i<20;i++)
    {   printf("%3d",a[i]);
        if(i%5==4)
            printf("\n");
    }
    p=1;
    t=a[0];
    for(i=1;i<20;i++)
        if(t!=a[i])
        {   p++;
            t=a[i];
        }
    printf("互不相同的整数有%d个\n",p);
}
```

运行结果如下：

输入：

```
4 5 17 2 12 34 7 14 23 27 41 1 2 4 14 27 34 35 5 5
输出:
排序后
  1  2  2  4  4
  5  5  5  7 12
 14 14 17 23 27
 27 34 34 35 41
互不相同的整数有 13 个
```

思考讨论：

（1）尝试使用冒泡排序法修改上面的程序。

（2）如果题目改为需要将重复的数据删除，那么应该如何编写程序？

【实例 5-5】已知一个包含 10 个元素的有序数组 a（从小到大排列）。输入一个整数 x，如果这个整数已经存在于数组中，则将其从数组中删除；否则将其插入到数组中，使其仍有序，并输出最后的有序数组。

问题分析： 当需要处理批量数据时，可以考虑使用数组来存放数据。由于是有序数组，因此可以使用向前查找或向后查找的方法。若找到该数据，则将其删除；若找不到，则定位到需要插入该数据的位置并插入。设计算法时需要考虑到极端情况。比如，删除的数据和需要插入数据的位置在数组最前面或最后面。

算法设计： 根据上面的分析设计算法。设置标志变量 flag，当其为 0 时表示在数组中找不到 x，需要将其插入到数组中；当 flag 为 1 时表示在数组中找到了 x，需要将其从数组中删除。flag 初值为 0。n 为当前数组中的元素个数。在输入整数 x 后，首先在数组中使用循环从前往后查找 x，并比较 x 和 $a[k]$ 的大小，如果 x 等于 $a[k]$，则表示找到该元素，设置 flag 为 1，退出查找循环；如果 x 大于 $a[k]$，由于数组 a 中的元素有序递增，因此无须执行代码，则继续查找下一个 $a[k]$；如果 x 小于 $a[k]$，则表示后面已不可能有和 x 相等的 $a[k]$，保持 flag 为 0，结束查找。此时，$a[k]$ 的位置就是需要插入 x 的位置。如果比较的结果一直是 x 大于 $a[k]$，则在所有元素查找完成后，退出循环。此时 k 的值正好为 n，保持 flag 为 0，需要在数组的最后位置插入 x。

查找循环结束后，需要根据 flag 的值进行不同的操作。在删除数组元素时，将后面的数据依次前移（注意前面的元素先移动），元素个数减少；在插入数组元素时，先将后面的数据依次后移（注意后面的元素先移动），再插入元素，元素个数增加。最后打印结果。

源代码：

```c
#include<stdio.h>
main()
{   int a[11]={10,14,26,33,45,56,72,88,95,99};
    int n=10,i,k,x,flag=0;
    scanf("%d",&x);
```

```
    for(k=0;k<n;k++)
        if(x==a[k])
        {   flag=1;
            break;
        }
        else if(x<a[k])
            break;
    if(flag)
    {   for(i=k;i<n-1;i++)
            a[i]=a[i+1];
        n--;
    }
    else
    {   for(i=n;i>k;i--)
            a[i]=a[i-1];
        a[k]=x;
        n++;
    }
    for(i=0;i<n;i++)
        printf("%d ",a[i]);
    printf("\n");
}
```

运行结果如下：

输入：34
输出：10 14 26 33 34 45 56 72 88 95 99

输入：88
输出：10 14 26 33 45 56 72 95 99

思考讨论：

（1）代码中第 1 个循环的循环体是一个选择结构，两个分支中都有 break 语句，那么是否可以将 break 语句移动到选择结构的分支外，直接放到循环体中呢？为什么？

（2）如果本实例中的数据是倒序排列的，那么应该如何修改程序？

【实例 5-6】25 个小朋友围成一圈（编号为 1～25），从 1 号开始进行 1、2、3 报数，凡是报 3 的小朋友就退出，下一个小朋友继续从 1 开始报数，直到最后只剩下一个小朋友为止。请编写程序，计算这位小朋友的编号。

问题分析：

（1）由于本实例需要处理一批编号数据，因此可以考虑使用一维数组。为了让数组元素下标与小朋友的编号相同，将数组元素个数定义为 26，并使用 a[1]～a[25]，初始化为 0，表示未退出报数。

（2）在不断的 1、2、3 报数过程中，将报 3 的小朋友对应的元素均设置为 1，表示不再继续参加报数。

（3）通过选择结构来判断是否到达末尾，如果是最后一个元素，则接下来从第 1 个元素开始继续处理。

（4）将一个变量作为计数器，初值为 25，每当有元素被设置为 1 时，退出报数，计数器的值减 1，直到其值为 1 时，结束报数。

算法设计：根据上面的分析，报数问题的算法流程图如图 2-5-1 所示。

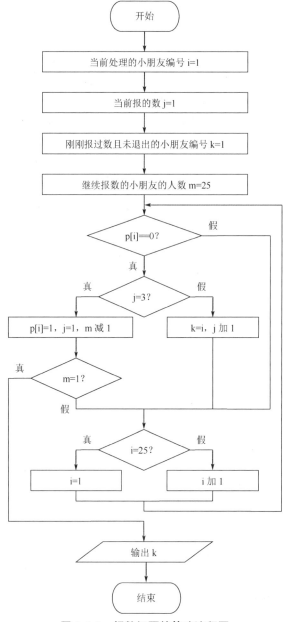

图 2-5-1　报数问题的算法流程图

源代码：

```
#include<stdio.h>
main()
{   int p[26]={0};
    int i,j,k,m;
    i=1;                    /*当前处理的小朋友编号*/
    j=1;                    /*当前报的数*/
    k=1;                    /*刚刚报过数且未退出的小朋友编号*/
    m=25;                   /*继续报数的小朋友的人数*/
    do
    {   if (p[i]==0)        /*当前处理的小朋友是否可以继续报数*/
            if(j==3)        /*报 3 的小朋友退出*/
            {   p[i]=1;
                j=1;
                m--;
                if(m==1)
                    break;  /*退出循环，停止报数*/
            }
            else
            {   k=i;
                j++;
            }
        if(i==25)           /*是否重新从第 1 个小朋友开始处理*/
            i=1;
        else
            i++;
    }while(1);
    printf("%d\n",k);
}
```

思考讨论：

（1）如果本实例还要求输出最后剩下的这个小朋友一共报过几次数，那么应该如何修改程序？

（2）如果本实例要求用户输入指定的数 n，报 n 的小朋友退出，那么应该如何修改程序？

四、实验内容

1. 上机调试下列程序，并完成以下问题。

```
#include<stdio.h>
main()
{   int i=0,j=0,k=0,n,c[10];
```

```
    int a[5]={2,3,8,12,23};
    int b[5]={1,7,18,30,46};
    while(i<5&&j<5)
        if(a[i]<b[j])
        {   c[k]=a[i];
            i++;
            k++;
        }
        else
        {   c[k]=b[j];
            j++;
            k++;
        }
    while(i<5)
    {   c[k]=a[i];
        i++;
        k++;
    }
    while(j<5)
    {   c[k]=b[j];
        j++;
        k++;
    }
    for(i=0;i<10;i++)
        printf("%d  ",c[i]);
}
```

（1）说明该程序的功能。

（2）为了保证程序功能的实现，对 a、b 两个数组有什么要求？

（3）a、b 两个数组的长度是否一定要相同？

2．上机调试下列程序，并分析其功能。

```
#include<stdio.h>
#define N 100
main()
{   char b[]="0123456789ABCDEF";
    int c[64],d,i=0,base;
    long n;
    printf("n: ");
    scanf("%ld",&n);
    do
    {   printf("base:");
        scanf("%d",&base);
    }while(base!=2&&base!=8&&base!=16);
```

```
     do
     {   c[i]=n%base;
         i++;
         n=n/base;
     }while(n!=0);
     for(--i;i>=0;--i)
     {   d=c[i];
         printf("%c",b[d]);
     }
     printf("\n");
}
```

3．下列程序的功能是将字符数组 a 中下标值为偶数的元素从小到大排列，其他元素不变，请填空。

```
#include <stdio.h>
main()
{   int a[10]={4,9,45,21,6,36,8,0,12,19};
    int i,j,t;
    for(i=0;____①____;i+=2)
        for(____②____;j<10;____③____)
            if(____④____)
            {   t=a[i];
                a[i]=a[j];
                a[j]=t;
            }
    for(i=0;i<10;i++)
        printf("%d ",a[i]);
}
```

4．有一对兔子，出生后第 2 个月变成一对大兔子，第 3 个月变成一对老兔子，并每月开始生一对小兔子，随后以此类推。下列程序计算出了 15 个月内这窝兔子的总对数，请填空。

```
#include<stdio.h>
main()
{   int a[15],i;
    a[0]=1;
    a[1]=1;
    for (____①____;i<15;i++)
        a[i]=____②____+____③____;
    printf("sum=%d",____④____);
}
```

5．下列程序使用折半查找法，在一个倒序排列的数组中查找指定的数 x，若找到了，则输出其在数组中的位置, 否则给出提示, 请填空。

```
#include <stdio.h>
#define N 10
main()
{   int a[N]={99,84,76,66,63,59,41,36,29,18};
    int mid,bot,top,x,i;
    scanf("%d",&x);
    bot=0;
    _____①_____;
    do
    {   mid=(top+bot)/2;
        if(x==a[mid])
            _____②_____
        else if(_____③_____)
            top=mid-1;
        else
            bot=mid+1;
    }while(bot<=top);
    if(_____④_____)
        printf("No.%d!\n",mid);
    else
        printf("Not found!\n");
}
```

6. 编写程序, 输入 10 个整数, 并交换最大值和最小值的位置, 其他元素保持不变(若找到多个最大值, 则只取第一次遇到的元素, 最小值也一样), 输出交换后的数组。

7. 编写程序, 输入 10 个整数并存放在数组 a 中, 计算出数组 a 中各相邻两个元素的和, 并把这些和存放在数组 b 中(例如: b[0]=a[1]+a[0], b[1]=a[2]+a[1], …, b[8]=a[9]+a[8]), 按每行 3 个元素的形式输出数组 b。

8. 中位数(Median)又称中值, 是统计学中的专有名词, 是指在按顺序排列的一组数据中处于中间位置的数。如果这组数据的个数是偶数, 那么通常取最中间的两个数的平均数作为中位数。编写程序, 先输入整数 n(假设输入的 n 一定是两位数), 然后输入 n 个整数, 最后输出它们的中位数。

9. 编写程序, 随机生成 20 个两位正整数, 先将其中的前 10 个数从小到大排列, 再将后 10 个数从大到小排列, 最后按每行 10 个数的形式输出这 20 个数。

10. 编写程序, 随机生成 20 个两位数并存放到数组中, 先对这些数进行排序, 然后按每行 10 个数的形式将这些数打印出来, 但排序时不是按照这些数本身的大小进行升序排列的, 而是按照其个位数的大小进行升序排列的, 若个位数的大小相同, 则按十位数的大小进行升序排列。例如:

50 51 81 82 92 33 83 65 26 86

96 57 97 97 38 48 98 29 39 59

11．假设某个班级有 40 个学生，编写程序，统计该班级学生对某道选择题的选择情况。输入学生答案，如 DCBADCBACBAAAABBBBBDDCCDBACDDCABDADCBBDC，分别统计选 A、选 B、选 C 和选 D 的学生人数。

12．已知一个整型数组，输入 5 个字符，并根据输入的字符对数组中的元素进行操作。如果输入的字符是 R 或 r，则对数组进行循环右移操作；如果输入的字符是 L 或 l，则对数组进行循环左移操作；如果输入的是其他字符，则保持数组元素不变。每次操作后，无论数组是否有变化，都要打印数组中的内容。

如果原始数据为{1,2,3,4,5,6,7,8}，那么在对其进行循环右移操作后，数据将变为{8,1,2,3,4,5,6,7}，同理可得出对其进行循环左移操作后的数据。

13．对数组 a 中的 n（0<n<100）个整数按照从小到大的顺序进行连续编号，要求不能改变数组 a 中元素的顺序，并且相同大小的整数的编号相同。若 a={7,8,3,9,6,8,3,1}，则输出结果为{4,5,2,6,3,5,2,1}。

14．10 个小孩围成一圈分糖果，老师先分给第 1 个小孩 10 颗，第 2 个小孩 2 颗，第 3 个小孩 8 颗，第 4 个小孩 22 颗，第 5 个小孩 16 颗，第 6 个小孩 4 颗，第 7 个小孩 10 颗，第 8 个小孩 6 颗，第 9 个小孩 14 颗，第 10 个小孩 20 颗，然后所有小孩同时将自己手中的糖果分一半给前一个小孩（即第 n 个小孩给第 n-1 个小孩），糖果数为奇数的小孩可以向老师要一颗。请问经过几次这样的调整后，大家手中的糖果数是一样的？每个小孩各有多少颗糖果？

实验 6

二维数组及应用

一、实验目的

1. 掌握二维数组的声明及元素引用方法。
2. 熟悉二维数组应用场景。
3. 熟悉多维数组的声明和元素引用方法。
4. 熟悉使用多维数组进行程序设计的方法。

二、预备知识

1. 二维数组

（1）二维数组的声明。

二维数组的声明形式如下：

类型说明符　　数组名[常量表达式1][常量表达式2]；

其中，"常量表达式1"表示第一维下标（行下标）长度，"常量表达式2"表示第二维下标（列下标）长度。二维数组的元素个数为：常量表达式1×常量表达式2。

（2）二维数组元素的引用。

二维数组元素的引用形式如下：

数组名[下标1][下标2]

需要注意的是，由于二维数组元素是按行优先的方式进行排列的。因此，对于如下声明的二维数组：

```
int a[M][N];              /*  M、N是常量  */
```

其元素 a$[i][j]$（$0 \leqslant i \leqslant$M-1，$0 \leqslant j \leqslant$N-1）排在首地址后第 $i \times$N+j 个存储位置。

通常使用二重循环逐行对二维数组进行处理。例如，输入二维数组的 M×N 个元素：

```
for(i=0;i<M;i++)          /*  M 为行数  */
    for(j=0;j<N;j++)      /*  N 为列数  */
```

```
        scanf("%d",a[i][j]);
```

将二维数组中的所有元素都设置为初值 1：

```
for(i=0;i<M;i++)
    for(j=0;j<N;j++)
        a[i][j]=1;
```

将二维数组中的所有元素都按行/列打印出来：

```
for(i=0;i<M;i++)               /*  M 为行数  */
{   for(j=0;j<N;j++)           /*  N 为列数  */
        printf("%d ",a[i][j]);
    printf("\n");
}
```

2. 多维数组

（1）多维数组的声明。

多维数组的声明形式如下：

类型说明符　　数组名[常量表达式 1][常量表达式 2]…［常量表达式 n]；

其中，"常量表达式 1"表示第一维下标长度，"常量表达式 2"表示第二维下标长度，以此类推，"常量表达式 n"表示第 n 维下标长度。多维数组的元素个数为：常量表达式 1×常量表达式 2×…×常量表达式 n。

（2）多维数组元素的引用。

多维数组元素的引用形式如下：

数组名[下标 1][下标 2]…［下标 n]；

例如：

```
int a[5][5][5];                /* 定义 a 是三维数组 */
float b[2][6][10][5];          /* 定义 b 是四维数组 */
```

多维数组通常需要使用多重循环对其进行处理。使用三重循环处理三维数组、四重循环处理四维数组相对来说比较方便。

三、实例解析

【实例 6-1】已知一个 4×4 的整数矩阵。编写程序，输入一个整数，并在矩阵中查找该数。若找到了，则输出其在矩阵中的位置，否则给出提示信息。

$$a = \begin{bmatrix} 3 & 6 & 1 & 7 \\ 3 & 4 & 8 & 9 \\ 2 & 3 & 5 & 5 \\ 1 & 3 & 1 & 8 \end{bmatrix}$$

问题分析：当需要处理矩阵这一类数据时，可以考虑先使用二维数组来存放矩阵，然后使用双重循环遍历矩阵中的每个元素来进行查找。

算法设计：将矩阵按行/列存放到 4×4 的二维数组中，设置查找标志 f 为 0。输入整数 x 后，使用双重循环遍历数组中的元素，逐一比较数组元素 $a[i][j]$ 和 x 是否相等。如果相等，则根据数组元素的下标输出其位置（因为下标都从 0 开始，显示位置时需要加 1），并设置查找标志 f 为 1。退出循环后，根据查找标志判断是否输出没有找到该数据的提示信息。

源代码：

```c
#include <stdio.h>
main()
{   int i,j,x,f=0;              /* f 为查找标志, 0 表示没找到*/
    int a[4][4]={{3,6,1,7},{3,4,8,9},{2,3,5,5},{1,3,1,8}};
    printf("请输入要查找的数: ");
    scanf("%d",&x);
    for(i=0;i<4;i++)
        for(j=0;j<4;j++)
            if(a[i][j]==x )
            {   printf("%d 在矩阵的第%d 行第%d 列\n",x,i+1,j+1);
                f=1;           /*修改查找标志 f 为 1，表示找到*/
            }
    if(f==0)
        printf("矩阵中没有%d\n",x);
}
```

运行结果如下：

```
请输入要查找的数：8
8 在矩阵的第 2 行第 3 列
8 在矩阵的第 4 行第 4 列
```

```
请输入要查找的数：0
矩阵中没有 0
```

思考讨论：

（1）查找标志 f 为 0 和为 1 分别代表什么含义？如果不设置这个标志，可以吗？为什么？

（2）如果本实例的矩阵中多次出现查找对象 x，就会显示多条查找记录。若只需显示一条记录，则可以在第一次找到的位置跳出循环结构。修改例子中的双重循环，可以参考下面的程序。

```c
for(i=0;i<4;i++)
{   for(j=0;j<4;j++)
        if(a[i][j]==x )
        {   printf("%d 在矩阵的第%d 行第%d 列\n",x,i+1,j+1);
            f=1;
```

```
            break;        /*跳出内层循环*/
        }
    if(f)    /*前面的"break;"只能跳出一层循环,此处判断查找标志*/
        break;  /*还需要一个"break;"跳出外层循环*/
}
```

【实例6-2】平面上有 *n* 个点,输入它们的坐标,输出离原点最近的点的坐标。

问题分析:每个点都有 *x* 坐标和 *y* 坐标两个数据,使用二维数组存放 *n* 个点的坐标比较方便。使用求最小值的算法,找出离原点最近的点。

算法设计:输入 *n*,循环 *n* 次,分别输入 *n* 个点的横、纵坐标。假设第 0 个点离原点最近,那么记录其第一维下标 *p* 和它与原点的距离 *m*,然后循环 *n*-1 次,比较剩下的点,注意比较的对象是它们和原点的距离,最后打印结果。

源代码:

```c
#include<stdio.h>
#include<math.h>
main()
{   float a[100][2],t,m;
    int i,j,n,p;
    scanf("%d",&n);
    for(i=0;i<n;i++)
        for(j=0;j<2;j++)
            scanf("%f",&a[i][j]);
    p=0;                     /*假设第0个点离原点最近,记录下标p*/
    m=sqrt(a[p][0]*a[p][0]+a[p][1]*a[p][1]);   /*计算该点到原点的距离*/
    for(i=1;i<n;i++)
    {   t=sqrt(a[i][0]*a[i][0]+a[i][1]*a[i][1]);   /*计算第i个点到原点的距离*/
        if(t<m)              /*如果发现更短的距离*/
        {   m=t;             /*则记录更短的距离*/
            p=i;             /*并记录当前点的第一维下标*/
        }
    }
    printf("(%.2f,%.2f)离原点最近\n",a[p][0],a[p][1]);
}
```

运行结果如下:

```
输入:
3
-4 5
3.1415 2.556
45.22 -1.456
```

输出:

(3.14,2.56)离原点最近

思考讨论:本质上,本实例还是在一维数组中找最大值的问题,只是比较的对象需要用到第二维的数据。读者可以分析下面使用二维数组求最大元素的代码,进行对比学习。

```
p=q=0;              /*p、q记录当前最大值的两个下标*/
for(i=0;i<M;i++)         /*M 为行数*/
    for(j=0;i<N;j++)        /*N 为列数*/
        if(a[i][j]<a[p][q])
        {   p=i;
            q=j;
        }
printf("Min=%d\n",a[p][q]);
```

【实例6-3】编写一个程序,对于给定的行数 n(n≤10),输出如下形式的杨辉三角形。

```
1
1   1
1   2   1
1   3   3   1
1   4   6   4   1
......
```

问题分析:一般而言,当打印使用数字或字符构成的图案时,可以考虑使用二重循环逐行打印,读者可以参考实例 4-5,但本实例中每一行打印的内容与前一行打印的内容相关,因此需要存放每一行所要打印的内容,以便计算下一行所要打印的内容,而不能像实例 4-5 中那样对数据只打印不保存。当需要按行存放相同类型的数据时,可以考虑使用二维数组。本实例将使用一个二维数组 int a[N][N] 来存放杨辉三角形。

算法设计:通过分析杨辉三角形可知,对于给定的行数 n,有 n 行数据,分别为第 0~n-1 行。对于第 i 行,有 i+1 个元素,分别为第 0~i 个元素。最前面的第 0 个元素和最后面的第 i 个元素均为1。其他元素可由该元素的前一行同一列元素与前一行前一列元素相加得到。

源代码:

```
#include<stdio.h>
#define N 10
main()
{   int a[N][N],i,j,n;
    printf("Input n:");
    scanf("%d",&n);
    for(i=0;i<n;i++)            /*设置周围的1*/
```

```
{    a[i][0]=1;
     a[i][i]=1;
}
for(i=2;i<n;i++)                    /*设置内部数据*/
    for(j=1;j<i;j++)
        a[i][j]=a[i-1][j-1]+a[i-1][j];
for(i=0;i<n;i++)
{    for(j=0;j<=i;j++)
        printf("%-4d",a[i][j]);
     printf("\n");
}
}
```

思考讨论：本实例使用了两个双重循环 for 语句来产生杨辉三角形的数据，也可以只用一个双重循环来实现这一操作。修改例子中的部分代码，可以参考下面的程序。

```
for(i=0;i<n;i++)
    for(j=0;j<=i;j++)
        if(j==0||j==i)
            a[i][j]=1;                  /*每行的首个数据和末尾数据均为1*/
        else
            a[i][j]=a[i-1][j-1]+a[i-1][j];   /*其他数据*/
```

若使用上面的 for 循环来产生杨辉三角形的数据，则可以在产生数据的同时，在同一个双重循环中实现数据的打印，读者可以自行尝试编写代码来实现。

【**实例6-4**】假设 2023 级少年班有两个班（1 班和 2 班），每个班有 5 个学生（学号为 1~5），输入每个学生的 3 门课程（语文、数学、英语）成绩，统计学生成绩，分别打印全年级单科成绩和总成绩最高的学生班级与学号。

问题分析：

（1）本实例需要处理一批学生成绩，其中有两个班，每个班有 5 个学生，每个学生有 3 门课程，需要存放 2×5×3 个成绩，因此可以考虑使用多维数组（三维数组）来存放成绩。另外，还可以加上总成绩，使每个学生有 4 个成绩，因此设计数组 int a[2][5][4]来存放成绩。

（2）班级为 1 班和 2 班，学号为 1~5。由于数组下标从 0 开始，因此在处理数据时可以设置班号为 0~1、学号为 0~4，只在打印输出时进行转换。

（3）通过三重循环对成绩进行输入和处理。使用求最大值的算法，可以记录最高分学生的班级和学号。因为有 4 个成绩最高的学生，每个学生都有班级和学号，所以有 4×2 个数据。设计数组 int s[4][2]来记录最高分学生的班级和学号，初值都为 0。

算法设计：根据上面的分析，使用三重循环输入学生成绩。先输入 3 门课程成绩，并将 i 班 j 号同学的第 k 门成绩存放到数组元素 $a[i][j][k]$ 中（k 为 0~2），然后统计总分并存放到数组元素 $a[i][j][k]$ 中（k 为 3）。同时，在最内层循环中判断当前成绩 $a[i][j][k]$ 是否超过最大值，以此决定是否修改数组 s 的元素。s[k][0]表示第 k 门成绩最高的学生的班号，s[k][1]表示第 k 门成绩最高的学生的学号。最后打印数组 s 中的结果。

源代码：

```
#include<stdio.h>
main()
{   int a[2][5][4],i,j,k;         /*数组 a 用于存放学生成绩*/
    int s[4][2]={0},x;            /*数组 s 用于存放最高分学生的班级和学号*/
    char *c[4]={"语文","数学","英语","总分"}; /*数组 c 用于输出*/
    for(i=0;i<2;i++)
        for(j=0;j<5;j++)
        {   printf("请输入%d 班%d 号同学的语数英成绩：",i+1,j+1);
            x=0;
            for(k=0;k<4;k++)
            {   if(k<3)
                {   scanf("%d",&a[i][j][k]);
                    x=x+a[i][j][k];
                }
                else
                    a[i][j][k]=x;
                if(a[i][j][k]>a[s[k][0]][s[k][1]][k])
                {   s[k][0]=i;         /*记录第 k 门成绩最高的学生的班号*/
                    s[k][1]=j;         /*记录第 k 门成绩最高的学生的学号*/
                }
            }
        }
    for(k=0;k<4;k++)
        printf("%s 最高的是%d 班%d 号同学\n",c[k],s[k][0]+1,s[k][1]+1);
}
```

运行结果如下：

```
输入：
请输入 1 班 1 号同学的语数英成绩：92 99 93
请输入 1 班 2 号同学的语数英成绩：83 90 78
请输入 1 班 3 号同学的语数英成绩：77 99 65
请输入 1 班 4 号同学的语数英成绩：85 99 98
请输入 1 班 5 号同学的语数英成绩：65 78 95
请输入 2 班 1 号同学的语数英成绩：91 60 70
请输入 2 班 2 号同学的语数英成绩：99 96 98
请输入 2 班 3 号同学的语数英成绩：76 78 76
请输入 2 班 4 号同学的语数英成绩：88 87 89
请输入 2 班 5 号同学的语数英成绩：61 97 60
输出：
```

语文最高的是 2 班 2 号同学

数学最高的是 1 班 1 号同学

英语最高的是 1 班 4 号同学

总分最高的是 2 班 2 号同学

思考讨论:

（1）若要求同时输出各科及总分最高的分值，则应该如何设计数组和修改程序？

（2）本实例并未考虑最高分同分的情况。当存在多个最高分时，可以设置程序只打印班号和学号靠前的学生信息。若需要将所有得到最高分的学生信息都打印出来，则应该如何修改程序？

四、实验内容

1. 上机调试下列程序，并完成以下问题。

```
#include<stdio.h>
main()
{   int a[5][3],i,j;
    float ave[3];
    for(i=0;i<5;i++)
        for(j=0;j<3;j++)
            scanf("%d",&a[i][j]);
    for(j=0;j<3;j++)
    {   ave[j]=0;
        for(i=0;i<5;i++)
            ave[j]+=a[i][j];
        ave[j]/=5;
    }
    printf("学号   语文 数学 英语\n");
    for(i=0;i<5;i++)
    {   printf("NO.%d: ",i+1);
        for(j=0;j<3;j++)
            printf("%5d",a[i][j]);
        printf("\n");
    }
    printf("平均分:");
    for(j=0;j<3;j++)
        printf("%5.1f",ave[j]);
    printf("\n");
}
```

（1）说明该程序的功能。

（2）在输入数据时，需要注意什么？

（3）数组 ave 的长度与数组 a 的长度有什么关系？

2．上机调试下列程序，并说明该程序的功能。

```c
#include<stdio.h>
#include<stdlib.h>
#include<time.h>
main()
{   int a[100][100],b[100][100],i,j,n;
    srand(time(NULL));
    scanf("%d",&n);
    for(i=0;i<n;i++)
    {   for(j=0;j<n;j++)
        {   a[i][j]=rand()%90+10;
            printf("%3d",a[i][j]);
        }
        printf("\n");
    }
    printf("变换后：\n");
    for(i=0;i<n;i++)
    {   for(j=0;j<n;j++)
        {   b[i][j]=a[j][n-i-1];
            printf("%3d",b[i][j]);
        }
        printf("\n");
    }
}
```

3．下列程序用于输出二维数组的最小值及其下标。请填空。

```c
#include <stdio.h>
main()
{   int i,j,p,q;
    int a[3][4]={{15,17,23,51},{4,11,35,61},{16,3,34,22}};
        ____①____
    for(i=0;i<3;i++)
        for(j=0;j<4;j++)
            if(____②____)
            {   ____③____
                q=j;
            }
    printf("最小值是 a[%d][%d]，其值为%d\n",p,q,____④____);
}
```

4．下列程序用于实现矩阵的转置，请填空。矩阵的转置是将矩阵中的行与列互换的一种运算，使原来矩阵的第 i 列作为新矩阵的第 i 行，例如：

$$\begin{bmatrix} 3 & 6 & 1 & 7 \\ 3 & 4 & 8 & 9 \\ 2 & 3 & 5 & 5 \\ 1 & 3 & 1 & 8 \end{bmatrix} \xrightarrow{\text{转置}} \begin{bmatrix} 3 & 3 & 2 & 1 \\ 6 & 4 & 3 & 3 \\ 1 & 8 & 5 & 1 \\ 7 & 9 & 5 & 8 \end{bmatrix}$$

```c
#include <stdio.h>
    _____
      ①
main()
{   int i,j,t,a[N][N]={{3,6,1,7},{3,4,8,9},{2,3,5,5},{1,3,1,8}};
    for(i=1;i<N;i++)
        for(_____②_____)
        {   t=a[i][j];
              _____
                 ③
            a[j][i]=t;
        }
    for(i=0;i<N;i++)
    {   for(j=0;j<N;j++)
            printf("%3d",_____④_____);
        printf("\n");
    }
}
```

5．编写程序，随机生成一个 3×4 的矩阵，矩阵中的数据都是小于 100 的非负整数。要求按行/列打印该矩阵，每个数据占 3 列，并输出矩阵中所有数据的和。

6．通过分析以下矩阵元素的分布规律，编程自动形成该矩阵并输出。

$$\begin{bmatrix} 1 & 2 & 3 & 4 & 5 \\ 1 & 1 & 6 & 7 & 8 \\ 1 & 1 & 1 & 9 & 10 \\ 1 & 1 & 1 & 1 & 11 \\ 1 & 1 & 1 & 1 & 1 \end{bmatrix}$$

7．编写程序，先输入整数 n，再输入一个 $n×n$ 的矩阵。计算矩阵中数据的平均值，先将矩阵中小于平均值的元素设置为 0，再按行/列输出修改后的矩阵。

8．编写程序，先输入 n，再输入 $n×n$ 矩阵中各整数元素的值，计算出两条对角线上的元素之和。

9．假设一个学习小组有 5 个学生，每个学生有 3 门课程成绩，且只要有两门课程成绩超过平均分且没有不及格，就可以获得奖学金。要求输出获得奖学金的学生的学号和成绩。学生的成绩（单位：分）如下。

学号	语文	数学	英语
NO.1：	80	75	92
NO.2：	61	65	72
NO.3：	59	63	70
NO.4：	85	87	90
NO.5：	76	97	85

10．编写程序，输入整数 n 和平面上 n 个点的坐标，计算各个点之间距离的总和。若平面上两个点的坐标分别为(x_1,y_1)和(x_2,y_2)，则它们之间距离的计算公式如下。

$$s = \sqrt{\left(x_2 - x_1\right)^2 + \left(y_2 - y_1\right)^2}$$

11．编写程序，先输入整数 m 和 n，再输入一个 $m \times n$ 的矩阵。假设矩阵中的数据互不相同，要求输出这个矩阵的鞍点及其位置，若该矩阵没有鞍点，则给出提示。（注意：在矩阵中，若一个数在所在行中是最大值，在所在列中是最小值，则这个数被称为鞍点。）

12．三维立体空间中有 3 条坐标轴：x 轴、y 轴和 z 轴。要求输入 10 个点的坐标，输出其中未落在坐标轴上的点。

字符串应用

一、实验目的

1. 掌握字符数组的定义及引用方法。
2. 掌握 C 语言中字符串数据的处理方法。
3. 熟悉应用字符数组进行综合程序设计的基本思路。

二、预备知识

1. 字符数组与字符串

字符数组是用来存放若干字符的数组，其声明和引用方式与前面讨论的数组相同。在 C 语言中，字符串就是一种字符数组，并且该数组的最后一个元素是字符串结束标志'\0'。

使用"%s"格式符输入/输出字符串时需要注意以下几个方面。

（1）输出时，printf 函数的输出项是字符数组名，而不是元素名。

（2）输出时，遇到'\0'时结束，并且输出字符中不包含'\0'。

（3）输出时，若数组中不止一个'\0'，则遇到第 1 个'\0'时结束。

（4）输入时，遇到回车符时结束，并在字符串末尾添加'\0'。

（5）一个 scanf 函数可以输入多个字符串，输入时以空格作为字符串之间的分隔符。

2. 字符串处理函数

用于输入/输出的字符串处理函数在使用前应包含头文件"stdio.h"，其他字符串处理函数在使用前应包含头文件"string.h"。

几种常用的字符串处理函数如下。

（1）字符串输出函数：puts(字符数组)。

（2）字符串输入函数：gets(字符数组)。

（3）字符串连接函数：strcat(字符数组 1,字符数组 2)。

（4）字符串复制函数：strcpy(字符数组 1,字符数组 2)。

（5）字符串比较函数：strcmp(字符数组 1,字符数组 2)。

（6）计算字符串长度函数：strlen(字符数组)。

（7）将字符串中大写字母转换为小写字母的函数：strlwr(字符数组)。

（8）将字符串中小写字母转换为大写字母的函数：strupr(字符数组)。

三、实例解析

【实例 7-1】通过键盘输入一个字符串，把其中 ASCII 值为奇数的字符存入新数组中，并以字符串形式输出新数组。

问题分析：当需要处理字符串时，可以考虑使用字符数组存放数据。由于字符串长度不确定，因此需要定义一个较大的字符数组。根据字符的 ASCII 值能否被 2 整除就可以判断该值是否为奇数，如果是奇数，就保留相应字符。

算法设计：在输入字符串后，使用循环逐个处理字符，如果字符的 ASCII 值不能被 2 整除，则说明该值是奇数，就将相应字符存入新的字符数组中，全部处理完成后，在新字符数组末尾添加结束标志，构成新的字符串并输出。

源代码：

```
#include <stdio.h>
main()
{   char str1[80], str2[80];
    int i, j=0;
    printf("请输入一个字符串！\n");
    gets(str1);
    for(i=0; str1[i]!= '\0';i++)
        if(str1[i]%2!=0)
        {   str2[j]=str1[i];
            j++;
        }
    str2[j]='\0';
    puts(str2);
}
```

运行结果如下：

输入：abcdefg

输出：aceg

思考讨论：

（1）如果本实例要求将 ASCII 值为偶数的字符存入新数组中，那么应该如何修改程序？

（2）程序中 for 循环的循环条件为"str1[i]!= '\0'"，这是处理字符串中逐个字符时常用的循环判断条件，当然也可以使用以下方法替代（因为用到了 strlen 函数，所以需要包含头文件 "string.h"）。

```
len=strlen(str1);
for(i=0;i<len;i++)
{   …
}
```

【实例7-2】依次输入 *n* 个字符串，统计并输出每个字符串中数字字符出现的次数。

问题分析：前文说过，当需要处理字符串时，可以考虑使用字符数组存放数据。由于字符串长度不确定，因此需要定义一个较大的字符数组。在处理字符串时，只需遍历字符串，判断字符是否在字符'0'～'9'范围内即可。

算法设计：在输入确定字符串的个数 *n* 后，通过循环逐个处理字符串。每次循环都从头开始遍历当前字符串。在处理一个字符串的过程中，如果发现一个数字字符，计数器的 sum 值就加 1，在处理完一个字符串后，输出 sum 值，并进入下一轮循环，将 sum 值清零，统计新字符串中数字字符的个数。

源代码：

```
#include <stdio.h>
main()
{   int i,j,n,b,sum;
    char str[80];
    scanf("%d",&n);
    for(i=0;i<n;i++)
    {   scanf("%s",&str);
        sum=0;
        for(j=0; str[j]!= '\0';j++)
            if(str[j]>='0'&&str[j]<='9')
                sum++;
        printf("%d\n",sum);
    }
}
```

运行结果如下：

```
输入:
2
Ab123cd
输出:
3
继续输入:
Df3456dfa
```

输出：
```
4
```
思考讨论：如果本实例要求统计空格个数或大小写字母个数，那么应该如何修改程序？

【**实例7-3**】编写一个程序，输入 3 个学生的名字，并按照字母顺序 将其中最靠前的学生名字输出。

问题分析：比较 3 个名字大小的实质就是比较 3 个字符串的大小，可以将字符串两两比较，经过两轮比较就能找到字母顺序靠前的字符串。

算法设计：输入 3 个字符串并存放到 3 个字符数组中，先比较前两个字符串的大小，并将较小的字符串存放到 name 字符数组中，然后将第 3 个字符串和 name 字符数组进行比较，如果第 3 个字符串比 name 字符数组更靠前，就将第 3 个字符串存放到 name 字符数组中，最后将 name 字符数组输出。

源代码：

```c
#include <stdio.h>
#include <string.h>
main()
{   char a[20],b[20],c[20],name[20];
    gets(a);
    gets(b);
    gets(c);
    if(strcmp(a,b)<0)
        strcpy(name,a);
    else
        strcpy(name,b);
    if(strcmp(name, c)>0)
        strcpy(name,c);
    printf("%s\n",name);
}
```

运行结果如下：

```
输入：
Frank
Fiona
Jessica
输出：
Fiona
```

思考讨论：

（1）如果本实例要求按照字母顺序输出最靠后的学生名字，那么应该如何修改程序？

（2）如果学生人数不止 3 个，而是有多个，那么应该如何修改程序？

【实例 7-4】编写一个程序，输入一个字符串，将其中的字符从小到大重新排列，并删除重复的字符。

问题分析：当需要处理字符串并对数据进行排序时，可以考虑使用字符数组存放数据。由于字符串长度不确定，因此需要定义一个较大的字符数组。在对输入字符串中的字符进行排序后，相同的字符将被连续存放，如果发现一个字符与前一个字符不同，则说明该字符是一个不重复的字符，应将其存到指定位置。不重复字符存放位置的计算方法如下。

不重复字符存放位置=该字符当前所在位置-已找到的重复字符数

算法设计：根据以上分析，假设排序后的字符串为"ABBBC"，字符 A 前无任何字符，即其为一个不重复的字符，由于字符 A 当前所在位置为 0，已找到的重复字符数为 0，因此字符 A 的存放位置为 0；第 1 个字符 B 与前一个字符 A 不同，该字符当前所在位置为 1，已找到的重复字符数为 0，因此该字符的存放位置为 1；第 2 个和第 3 个字符 B 均与前一个字符 B 相同，因此已找到的重复字符数变为 2；字符 C 与前一个字符 B 不同，该字符当前所在位置为 4，已找到的重复字符数为 2，因此字符 C 的存放位置为 2。至此，原字符串已经变为"ABCBC"，不重复的字符个数等于原字符串长度减去重复的字符个数，即新字符串长度为 3，需要将位置 3 上的字符变为字符串结束标志'\0'。

源代码：

```c
#include<stdio.h>
main()
{   char str[100],i,j,k,c;
    printf("输入字符串: ");
    gets(str);
    for(i=0;str[i]!='\0';i++)
    {   for(j=k=i;str[j]!='\0';j++)
            if(str[k]>str[j])
                k=j;
        if(i!=k)
        {   c=str[k];
            str[k]=str[i];
            str[i]=c;
        }
    }
    printf("排序后字符串: %s\n",str);
    k=0;
    for(i=1;str[i]!='\0';i++)
    {   if(str[i]==str[i-1])
            k++;                        /*统计重复字符的总数*/
        else
```

```
        str[i-k]=str[i];          /*将找到的不重复字符存放到指定位置*/
    }
    str[i-k]='\0';
    printf("删除后字符串: %s\n",str);
}
```

运行结果如下：

```
输入:
asdfasdfg
输出:
排序后字符串: aaddffgss
删除后字符串: adfgs
```

思考讨论：

（1）尝试用冒泡排序法修改上面的程序。

（2）也可以使用 strcpy 函数删除字符串内部的某个或某些字符。在上面的程序中，删除重复字符的代码可以替换为下列代码（需要包含头文件"string.h"）。

```
for(i=1;str[i]!='\0';i++)
    if(str[i]==str[i-1])
    {   strcpy(str+i,str+i+1) ;     /* 删除 str[i]，后面元素提前 */
        i--; /* 抵消一次 for 循环的 i++，接下来检查新换上来的 str[i] */
    }
```

（3）如果把实例要求改为"将几个字符串进行排序，并将其共同的子串删除"，那么应该如何编写程序？

四、实验内容

1. 上机调试下列程序，并分析其功能。

```
#include<stdio.h>
#define N 100
main()
{   char b[]="0123456789ABCDEF";
    int c[64],d,i=0,base;
    long n;
    printf("n: ");
    scanf("%ld",&n);
    do
    {   printf("base:");
        scanf("%d",&base);
    }while(base!=2&&base!=8&&base!=16);
    do
```

```
    {   c[i]=n%base;
        i++;
        n=n/base;
    }while(n!=0);
    for(--i;i>=0;--i)
    {   d=c[i];
    printf("%c",b[d]);
    }
    printf("\n");
}
```

2．下列程序的功能是从字符数组 str1 中获取 ASCII 值为偶数且下标为偶数的字符，并依次存放到字符串 t 中，但其中存在多处错误，请上机调试并修改这些错误。

```
#include <stdio.h>
#include <math.h>
#include <string.h>
#include <conio.h>
main()
{   char str1[100],t[200];
    int i,j;
    i=0;
    strcpy(str1,"4sA89?De6x0z!");
    for(i=0;i<strlen(str1);i++)
    {   if((str1[i]%2==0)&&(i%2!=0))
        {   t[j]=str1[j];
            j++;
        }
    }
    t[j]='\0';
    printf("\n original string:%s\n",str1);
    printf("\n result string:%s\n",t);
}
```

3．下列程序用于统计字符串中各个元音字母的数量。请填空。

```
#include<stdio.h>
#include<string.h>
main( )
{   char s[80];
    int num[5]={0,0,0,0,0};
    int i;
    gets(s);
```

```
    for(i=0;    ①    ;i++)
    {  switch(    ②    )
        {  case 'a':
           case 'A': num[0]++; break;
           case 'e':
           case 'E': num[1]++; break;
           case 'i':
           case 'I': num[2]++; break;
           case 'o':
           case 'O': num[3]++; break;
           case 'u':
           case 'U': num[4]++; break;
        }
    }
    printf("a\te\ti\to\tu\n");
    for(i=0;    ③    ;i++)
        printf("%d\t",num[i]);
}
```

4. 若在下列程序运行时输入"156"，则输出结果为（   ）。

```
#include<stdio.h>
main()
{   int a[80],i=0,x;
    scanf("%d",&x);
    do
    {   a[i]=x%16;
        i++;
        x/=16;
    }while(x!=0);
    i--;
    do
    {   if(a[i]<10)  printf("%d",a[i]);
        else   printf("%c",a[i]-10+'a');
        i--;
    }while(i>=0);
}
```

5. 输入一个字符串，内含数字和非数字字符，先将数字字符提取出来，然后转换为相应的整数并依次存放到整型数组中，最后输出整数的个数和这些整数。

6. 编写程序，将一个整数转换为数字字符串。例如，将 1234 转换为"1234"。

7. 输入一个字符串，输出倒序后的字符串。例如，将"abcd1234"转换为"4321dcba"。

8．输入由一行数字和字母组合而成的字符串，并在字符串中的所有数字字符前加一个$字符。

9．一个 IP 地址是由 4 字节（1 字节为 8 位）的二进制码组成的。请将 32 位二进制码表示的 IP 地址转换为十进制格式表示的 IP 地址并输出。例如，原 IP 地址为00000001000000001111111100000000，转换后为 1.0.255.0。

10．输入一个字符串，并输入一个位置值 loc 和一个长度值 len，实现从字符串的 loc 位置开始截取 len 个字符，构成一个子字符串并输出。如果字符串中从 loc 位置开始剩余的字符个数不足 len 个，则截取从 loc 位置开始的剩余的所有字符。

11．输入字符串 str1 和 str2，以及插入位置 loc，实现在字符串 str1 中的指定位置 loc 处插入字符串 str2。例如，若输入"Zhejiang Hangzhou 3"，则输出"ZheHangzhoujiang"。

实 验 8

指针应用

一、实验目的

1．理解指针的概念，掌握指针变量的声明和使用方法。

2．掌握使用指针处理一维数组和二维数组的方法。

3．掌握使用指针处理字符串的方法。

二、预备知识

1．指针的概念

（1）指针变量。

存储空间被划分为若干个大小相同的存储单元，每个存储单元都有一个编号，被称为地址。不同类型的数据所需存储空间的大小不尽相同，系统会根据数据的类型分配相应大小的一块连续的存储空间，该存储空间中起始存储单元的地址被称为该存储空间的起始地址。

在 C 语言中，可以使用指针类型的变量存放某块存储空间的起始地址，这时就称该指针变量指向该存储空间。可以通过指针变量间接访问所指向存储空间中的内容。

（2）指针变量的声明和初始化。

指针变量的一般声明形式如下：

类型符*指针变量名;

其中，"类型符"被称为指针变量的基类型，表示该指针变量所指向的存储空间中存放的数据类型，该数据类型决定该指针变量所指向的存储空间的大小。这样就可以根据指针变量的值（存储空间的起始地址）和数据类型来确定其具体所指向的存储空间。

在声明指针变量后，并不能直接使用它，必须对其进行初始化，使其指向某块存储空间后，才能使用它。

（3）指针变量的运算。

① 取内容运算符*：间接访问指针变量所指向存储空间中的内容。

② 取地址运算符&：获取某块存储空间的起始地址。

③ 指针变量与整数的加/减运算：指针变量加上或减去一个整数 n，结果是指针变量当前指向位置的前方或后方第 n 块存储空间的起始地址。存储空间的大小取决于指针变量的基类型。

④ 指针变量的自增、自减运算：自增、自减运算是指针自身值的变化。指针变量进行自增运算后，会指向下一块存储空间的起始地址；指针变量进行自减运算后，会指向上一块存储空间的起始地址。同样地，存储空间的大小取决于指针变量的基类型。

⑤ 指针变量的相减：两个基类型相同的指针变量相减后的结果是整数，表示这两个指针变量所指向的两块存储空间之间能够存储的数据个数。其中，数据的类型与指针变量的基类型相同。

2. 指针和数组

（1）指针和一维数组。

在 C 语言中，指针和数组之间的关系十分密切，它们都可以处理内存中连续存放的一系列数据。数组名代表数组的首地址，因此可以将数组名赋给指针变量，前提条件是数组元素的类型与指针变量的基类型相同。

归纳起来，在定义了"int a[0],*p=a;"的情况下：

① p+i 或 a+i 就是 a[i]的地址，即&a[i]。

② *(p+i)或*(a+i)就是 p+i 或 a+i 所指向的数组元素 a[i]。

③ 指向数组元素的指针变量也可以带下标，如 p[i]与*(p+i)等价。因此，a[i]、*(a+i)、p[i]和*(p+i)这 4 种表示形式全部等价。

注意：指针变量 p 与数组名 a 的差别。p 是变量，a 是地址常量，不能给 a 赋值。

（2）指针和二维数组。

假设有如下二维数组的定义：

```
int a[3][4]={{1,2,3,4},{5,6,7,8},{9,10,11,12}};
```

二维数组 a 可以被理解为由 3 个元素（a[0]、a[1]和 a[2]）组成的一维数组，每个元素又是一个由 4 个元素组成的一维数组。

假设上述二维数组 a[0][0]元素的起始地址为 30000，则该数组相关地址数据及元素值如表 2-8-1 所示。

表 2-8-1   二维数组相关地址数据及元素值

表示形式	含义	地址（或元素）值
a, &a[0]	行指针，二维数组的首地址，其增量是一行元素所占内存的数量	30000
a[0], *(a+0), *a, &a[0][0]	第 0 行第 0 列元素地址	30000

表示形式	含义	地址（或元素）值
a+1, &a[1]	第 1 行首地址，为行指针	30008
*(a+1), a[1], &a[1][0]	第 1 行第 0 列元素地址	30008
a+2, &a[2]	第 2 行首地址，为行指针	30016
*(a+2), a[2], &a[2][0]	第 2 行第 0 列元素地址	30016
*(a[1]+1), *(*(a+1)+1), a[1][1]	第 1 行第 1 列元素值	6

对于二维数组，可以定义一个指向一行的行指针变量，行指针变量就是一个二级指针变量。行指针的声明形式如下：

```
类型标识符 (*指针变量名)[元素个数];
```

例如：

```
int a[2][3], (*p)[3]=a;
```

注意：二维数组名 a 是一个行指针常量，不能进行 a++、a--的运算。p 是行指针变量，可以进行 p++等指针运算操作。

（3）字符指针变量和字符串。

字符指针变量是基类型为 char 的指针变量。使用字符数组和字符指针变量处理字符串有以下区别。

① 字符数组由若干个元素组成，每个元素中存放一个字符，而字符指针变量中存放的是地址（字符串的首地址），并没有将字符串放在字符指针变量中。

② 对于字符数组来说，除非在定义数组的同时整体赋值，否则只能对各个元素进行赋值，而不能直接对字符数组进行整体赋值；对于字符指针变量来说，既可以用字符串常量进行初始化，又可以直接用字符串常量赋值，本质上都是通过指针得到字符串首地址的。

③ 定义一个数组时，在编译时就已经分配了存储空间，有确定的地址，而定义一个字符指针变量时，会为指针变量分配存储空间，并可以在其中存放一个地址，也就是说，该指针变量可以指向一个字符型数据，但如果未对它赋一个地址值，则它并未具体指向某个数据。

3. 指针数组和多级指针

（1）指针数组。

当一系列有次序的指针变量集合为数组时，就形成了指针数组。指针数组中的每个元素都是一个指针变量，且基类型相同。指针数组的声明形式如下：

```
数据类型 *指针数组名[元素个数];
```

（2）多级指针。

在 C 语言中，除了允许指针指向普通数据，还允许指针指向另外的指针，这种指向指针的指针被称为多级指针。其中，二级指针变量的声明形式如下：

```
数据类型 **指针名;
```

三、实例解析

【**实例 8-1**】编写一个程序，使用指针法将一个一维整型数组倒置。

问题分析：若要倒置一个数组，则可以将这个数组以中间为中轴线，使前后数据两两交换。

算法设计：将第 0 个元素与倒数第 1 个元素交换，第 1 个元素与倒数第 2 个元素交换，以此类推，第 i 个元素与第 $n-i-1$ 个元素交换，让指针变量 q 和 p 分别指向数组的第 1 个元素和最后一个元素，利用指针交换两个元素的值，q 向后移动，p 向前移动，只要 q 没有超过 p，就重复上述操作，直至交换完毕。

源代码：

```c
#include <stdio.h>
#define N 10
main()
{   int a[N];
    int *p,*q,t;
    for(p=a; p<a+N; p++)
        scanf("%d",p);
    for(q=a,p=a+N-1;q<=p;q++,p--)
    {
        t=*q;
        *q=*p;
        *p=t;
    }
    for(p=a; p<a+N; p++)
        printf("%d ", *p);
}
```

运行结果如下：

```
输入：1 2 3 4 5 6 7 8 9 0
输出：0 9 8 7 6 5 4 3 2 1
```

思考讨论：能否只利用数组名 a 这个地址常量实现上述操作。

【**实例 8-2**】编写一个程序，判断输入的一个字符串是否为回文。若是回文，则输出 "Yes!"，否则输出 "No!"。(回文是指正读和倒读都一样的字符串。)

问题分析：判断一个字符串是否为回文，可以将这个字符串以中间为中轴线，对前后字符进行两两比较，如果都相等，则是回文，否则不是回文。

算法设计：先假设字符串为回文，将 flag 赋值为 1，然后定义 begin 和 end 两个指针变量，并分别指向字符串的头和尾，比较两个指针变量所指向的字符是否一致，如果一致，则通过指针移动继续比较，否则将 flag 赋值为 0，结束比较，最后我们就可以根据 flag 的值来确定该字符串是否为回文。

源代码：

```
#include <stdio.h>
#include <string.h>
main()
{   char str[100];
    char *begin, *end;
    int flag=1, len;
    printf("Input a string:");
    gets(str);
    len = strlen(str);
    for (begin=str, end=str+len-1; begin<=end; begin++, end--)
        if (*begin != *end)
        {   flag = 0;
            break;
        }
    if(flag)
        printf("Yes!\n");
    else
        printf("No!\n");
}
```

运行结果如下：

输入：abcdcba
输出：Yes!

思考讨论： 能否只利用一个指针变量实现上述操作。

【实例 8-3】 编程实现以下功能：将一个长度为 n 的字符串，从其第 k 个字符起，删除 m 个字符，组成长度为 $n-m$ 的新字符串（其中，$n \leq$ 80、$k \leq n$）。

问题分析： 若要删除字符串的部分字符，则需考虑删除字符的起始位置不能超过原字符串末尾位置，同时删除字符的长度不能超过原字符串长度，在满足这两个条件的情况下，可以进行删除操作。

算法设计： 首先应该判断 k 是否不超过字符串长度 len，然后判断要删除的 m 个字符的长度加上 k 是否不超过 len，当这两个条件都满足时，则使用两个指针分别指向第 k 个字符位置和第 $k+m$ 个字符位置，并进行删除。

源代码：

```c
#include <stdio.h>
#include <string.h>
main()
{   char str[100],*s,*p1,*p2;
    int k,m,len;
    gets(str);
    scanf("%d%d",&k,&m);
    len=strlen(str);
    s=str;
    if(k<=len)
        if(k+m>len)
            *(s+k-1)='\0';
        else
        {   for(p1=s+k-1,p2=s+k+m-1;*p2!='\0';p1++,p2++)
                *p1=*p2;
            *p1='\0';
        }
    puts(str);
}
```

运行结果如下：

```
输入：
asdfghjkl
3 4
输出：
asjkl
```

思考讨论：

（1）尝试用数组下标法修改上面的程序。

（2）参考实例 7-4 的思考讨论，尝试用 strcpy 函数替换程序中的下列语句。

```c
for(p1=s+k-1,p2=s+k+m-1;*p2!='\0';p1++,p2++)
    *p1=*p2;
*p1='\0';
```

【实例 8-4】将一个数的数码倒过来所得到的新数被称为原数的反序数。如果一个数等于它的反序数，则被称为对称数。请使用指针方法求不超过 998 的最大的二进制格式的对称数。

问题分析：本实例的关键是数码的转换，将十进制数转换为二进制数应该使用除 2 取余法，将小于 998 的数转换为二进制格式，最多能得到 10 位二进制数。

算法设计：根据以上分析，可将存放二进制数的数组 bin 的长度定义为 10，使用两个指针变量分别指向数组 bin 中的第 0 个元素和最后一位被赋值的元素，并进行比较，如果相同，则指针分别向中间移动一位元素，继续比较；否则退出循环。

源代码：

```
#include <stdio.h>
main()
{   char bin[10],*p1,*p2,*s;
    int i,m;
    for(i=998;i>0;i--)          /* 穷举法 */
    {   s=bin;                  /* s 指向 bin[0] */
        p1=s;
        m=i;
        while(m>0)              /* 将 i 转换为二进制数 */
        {   *s=m%2+'0';
            s++;
            m=m/2;
        }
        *s='\0';
        p2=s-1;                 /* s 指向所得余数序列的最后一位字符 */
        while(p1<p2&&*p1==*p2)
        {   p1++;
            p2--;
        }
        if(p1>p2)
            break;              /* 提前结束循环 */
    }
    printf(" (%d)10=(%s)2\n",i,bin);
}
```

运行结果如下：

```
(975)10=(1111001111)2
```

思考讨论：数组 bin 能否被定义为 int 类型？如果可以，那么应该如何修改程序？

四、实验内容

1. 试分析以下程序的输出结果。

```
#include<stdio.h>
#define N 3
#define M 4
 main()
{   int a[N][M]={1,3,5,7,9,11,13,15,17,19,21,23};
    int (*p)[M]=a,i,j,k=0;
```

```
    for(i=0;i<M-1;i++)
        for(j=0;j<N-1;j++)
            printf("%d ",k+(*(*p+i)+j));
}
```

2. 以下程序的功能是先通过键盘输入 10 个自然数，然后将它们存放到数组 a 中，最后统计数组 a 中所有素数的和，但其中存在多处错误，请上机调试并修改这些错误。

```
#include <stdio.h>
main()
{   int i,j,a[10],*p=a,sum=0;
    printf("input 10 positive integers:\n");
    for(i=0;i<10;i++)
        scanf("%d",&a[i]);
    for(i=0;i<10;i++)
    {   for(j=2;j<i/2;i++)
            if(i/j==0) break;
            else printf("%d",a+i);
            sum+=a+i;
    }
}
```

3. 以下程序的功能是通过键盘输入两个字符串 s1 和 s2，并判断 s2 是不是 s1 的子串，如果是，则输出 s2 在 s1 中第一次出现的首地址，但其中存在多处错误，请上机调试并修改这些错误。

```
#include<sdtio.h>
#include<string.h>
main()
{   char *s1,*s2, k=Null;
    int i,j,len;
    gets(s1);
    gets(s2);
    len=strlen(s2);
    for(i=0;i<=strlen(s1)-len;i++)
    {   for(j=0;j<len;j++)
            if(s1(j+i)!=s2[j])   break;
        if(j==len) k=s1+j;
    }
    if(k==Null)
        printf("未找到字符串%s\n",s2);
    else   printf("%s\n",k);
}
```

4. 以下程序的功能是统计子串 substr 在主串 str 中出现的次数。请将程序补充完整。

```
#include <stdio.h>
main()
{  char *str,*substr;
   int i,j,k,num=0;
   gets(str);
   gets(substr);
   for(i=0;____①____;i++)
      for(____②____,k=0;substr[k]==str[j];k++,j++)
      if(substr[____③____]=='\0')
      {____④____;
      break;
      }
   printf("%d",num);
}
```

5. 以下程序的功能是将原字符串 old 中所有出现子串 sub 的地方替换为子串 rpl，其余不变，并将最终结果存放到字符串 news 中。请将程序补充完整。

```
#include <stdio.h>
main()
{  char *old ,*sub,*rpl,*news,*s1,*s2;
   gets(old);
   gets(sub);
   gets(rpl);
   while(____①____)
   {  for(s1=old,s2=sub;*s1!='\0'&&____②____ ;s1++,s2++)
      if(*s2!='\0')
         *news++=____③____;
      else
      {  for(s2=rpl;*s2!='\0';s2++)
            *news++=____④____;
         ____⑤____;
      }
   }
   *news='\0';
}
```

6. 编写一个程序，先通过键盘输入 15 个自然数，然后将它们存放到数组 a 中，最后统计数组 a 中所有素数的和，要求使用指针法完成。

7. 先使用指针法通过键盘输入两个字符串，并分别对两个字符串进行升序排列，然后将它们合并，合并后的字符串仍按 ASCII 值升序排列，并删除相同的字符。

8．判断用户输入的字符串是否符合构成标识符的规定。如果符合，则形成一个标识符并计数，否则显示出错信息。

9．编写一个程序，输入两个字符串 str1 和 str2，要求各字符串中无重复出现的字符。求两者的交集，若交集非空，则将其输出。

10．编写一个程序，首先分别将 a 所指的字符串和 b 所指的字符串进行首尾颠倒，然后按照"先 a 串中的字符，后 b 串中的字符"顺序进行交叉合并，最后将得到的结果存入 c 所指的数组中。在交叉合并的过程中，如果 a 串和 b 串不等长，则长串必定存在剩余的部分字符。此时，将多出的剩余串连接到 c 的末尾。例如，假设合并前 a 串为"ABCDEF"，b 串为"0123"，则交叉合并后得到的结果就是"F3E2D1C0BA"。

11．编写一个程序，将输入的字符串中的英文字符按照 A→Z，B→Y，…，Y→B，Z→A 或 a→z，b→y，…，y→b，z→a 转换，其他字符不变，输出转换后的字符串。

12．编写一个程序，分别统计输入字符串中所有英文字母中的各元音字母数量。

13．将通过键盘输入的每个单词的第 1 个字母转换为大写字母，输入时各单词之间以空格隔开，用"."结束输入。

14．输入 8 个整数，将其中最大的整数与第 1 个整数交换，最小的整数与最后一个整数交换。

函数应用

一、实验目的

1. 掌握函数的定义、声明和调用方法。

2. 理解函数的数据传递方式。

3. 理解全局变量、局部变量、静态存储变量和动态存储变量等概念。

4. 了解递归函数的编写规则。

二、预备知识

1. 函数的定义和调用

（1）函数的定义形式如下：

```
函数返回值类型 函数名(形参列表)
{
    函数体
}
```

说明：

① 函数由函数头和函数体两部分组成。其中，函数头由函数返回值类型、函数名、形参列表组成；函数体由实现函数功能的控制语句组成。

② 函数名是一个用户自定义的、符合 C 语言标识符命名规则的标识符，不能与其他函数或变量同名。

③ 根据需要设置函数的返回值。当函数不需要返回值时，可以用空类型（void）表示返回值类型；若函数需要返回值，则函数内部必须包含 return 语句，格式如下。

```
return (表达式);
```

或

```
return 表达式;
```

表示结束调用后将表达式的值带回主调函数。

函数内部不能定义其他的函数。

④ 有时主调函数和被调函数之间需要使用参数来传递数据。函数定义时的参数被称为形参，调用时的参数被称为实参。参数的个数不固定，根据实际需要可以是零个、一个或多个，参数之间用逗号分隔。定义时每个形参的类型必须明确，不能省略。

（2）函数的调用形式如下：

> 函数名 (实参列表)

说明：

① 函数调用是指通过执行函数体的操作来实现函数的功能，分为有参数和无参数两种调用方式。有参数的函数调用会将主调函数的数据以实参的形式传递给形参，参与函数体的执行过程。而无参数的函数调用不涉及实参与形参之间的数据传递。在调用函数时，只需提供函数名和实参（有参数调用时）即可。在调用有参数的函数时，实参不需要列出数据类型，但实参与形参必须保证数量一致、类型匹配，并按一一对应的顺序传递数据。在调用无参数的函数时，实参列表项为空，但函数名右边的一对圆括号不能省略。

② 在调用函数的过程中，执行完该函数内最后一条语句或者执行到 return 语句时，程序会自动返回到当初调用函数的位置，在原函数内继续向下执行。

2. 数据的传递

在调用有参数的函数时，实参依次传值给对应的形参，使其参与函数体的运行。主调函数和被调函数之间的这种数据传递，分为值传递和地址传递两种方式。

（1）值传递方式。

值传递方式是指通过传值的方式进行参数传递。在调用函数前，形参没有独立的存储空间，也没有对应的数值。只有在调用函数时，系统才会给形参分配存储空间，并将实参值传递到形参空间中。一旦调用结束，形参空间就会被释放。由于实参与形参的存储空间不同，因此这种数据传递是单向的，只能由实参传递给形参，而形参值在函数的执行过程中不会影响到实参值。

（2）地址传递方式。

若希望在调用函数时能够影响主调函数的实参值，则需要以指针变量或数组作为形参，一旦调用函数，实参传值给形参的就是相同基类型的地址值，即某个变量的地址，而非它的数值。这样通过形参获得的变量地址，就可以在被调函数内间接访问主调函数的实参，从而达到改变其值的目的。

当以返回值的形式传递数据时，被调函数通过 return 语句一次只能传递一个数据到主调函数中；而以指针变量或数组作为形参时，却可以一次传递多个数据到主调函数中。

3．变量的作用域

C 语言中的变量根据作用域的不同分为局部变量和全局变量。

（1）局部变量：在函数内部或复合语句中定义，函数的形参也属于局部变量。局部变量的作用域只局限于定义它的函数或复合语句。

（2）全局变量：在函数外部定义。全局变量的作用域从定义它的位置开始，到整个程序结束。

变量同名问题：

（1）局部变量（包括形参）与全局变量同名的问题。在调用函数时，变量名代表局部变量；在结束函数调用后，该变量名代表全局变量。

（2）不同函数的局部变量同名问题。不同函数中同名变量的作用域并不相同，所对应的是不同的存储空间，调用时分别代表各自函数内的变量。

4．变量的存储类别

变量在内存中有不同的存储方式。在程序运行过程中，根据需要分配和释放内存的变量叫作动态存储变量；始终保留内存空间的变量叫作静态存储变量。

（1）auto 型局部变量：在调用函数时生成，在结束函数调用时消失。在函数返回后，不保留变量值。如果对变量赋初值，那么每次调用都要执行赋初值操作。

（2）静态局部变量：在函数内部或复合语句中定义，在程序执行过程中始终占据着最初分配的存储空间，即使函数调用结束，该变量的存储空间也不会被释放。所以，当再次调用函数时，仍然可以获得上次调用结束后的变量值。

5．函数的递归

在函数内部直接或间接地调用函数本身就叫作函数的递归调用。

（1）递归结构。例如，求阶乘的递归函数：

递归出口部分 ⟶ f(1)=1

递归体部分 ⟶ f(n)=n*f(n-1)　　　n>1

（2）递归设计。

递归的特点就是一个大问题依赖于一个小问题的解决，而这个小问题依赖于一个更小问题的解决，依次有规律地递增或递减。每个问题的解决方式相同，并且必须设定结束递归的条件，否则容易陷入死循环。

三、实例解析

【实例 9-1】设计一个判断素数的函数。

问题分析：首先，针对不同的整数都能进行素数的判断，需要设计一个参数来传递待判断的整数；其次，一个整数是否为素数只有两种可能，满足素数条件的就是，反之则不是，可以用一个变量的不同数值来代表这两种不同的状态，如变量的取值为 1 表示素数，取值为 0 表示非素数，并考虑以该变量的判断值作为函数的返回值。

算法设计：在主函数中输入要判断的整数，并调用函数，根据返回值在主函数中输出判断结果。

源代码：

```
#include <stdio.h>
#include <math.h>
main()
{
    int x,t;
    scanf("%d",&x);
    t=fun(x);
    if(t)
        printf("Yes");
    else
        printf("No");
}
int fun(int a)
{   int i,b=1;
    for(i=2;i<=(int)sqrt(a);i++)
        if(a%i==0)
            { b=0;
              break;
            }
    return b;
}
```

运行结果如下：

```
输入：100
输出：No
输入：97
输出：Yes
```

思考讨论：

（1）如果 fun 函数中不加 break 语句，是否会影响程序的运行结果？加与不加有什么不同？

（2）判断结果能否放在 fun 函数内显示？如果能，哪一种效果更好？

【实例 9-2】编写一个求最大公约数的函数。在主函数中输入两个整数，调用该函数后，输出它们的最大公约数。

问题分析：在函数中，要先了解当前所求的是哪两个整数的公约数，不同整数的公约数当然不同，因此要通过实参将两个整数传递到当前函数中，经过函数内部计算求得最大公约数，再将其作为返回值返回到主调函数中。因此，应将函数的原型设计为：

```
int gys(int m,int n)
```

算法设计：对于整数 m 和 n，求最大公约数的算法如下。

（1）已知 m、n，使 $m>n$。

（2）m 除以 n 得余数 r。

（3）若 $r=0$，则 n 为所求的最大公约数，算法结束；否则执行（4）。

（4）$m \leftarrow n$，$n \leftarrow r$，再重复执行（2）。

源代码：

```c
#include <stdio.h>
int gys(int m,int n)
{   int r,t;
    if(m<n)
    {   t=n;
        n=m;
        m=t;
    }
    r=m%n;
    while(r!=0)
{   m=n;
    n=r;
    r=m%n;
}
return n;
}
main()
{   int x,y,z;
    printf("输入两个整数: x,y=?");
    scanf("%d%d",&x,&y);
    z=gys(x,y);
    printf("最大公约数=%d\n",z);
}
```

运行结果如下：

```
输入:
输入两个整数: x,y=?56 72
输出:
最大公约数=8
```

思考讨论：

（1）为什么要先判断 m、n 的大小？

（2）函数内的 while 语句能否改为 do-while 语句？如果可以，应该如何修改？

【实例 9-3】编写一个函数，获得一个十进制整数的逆序数。例如，输入 -123，调用函数后可以输出 -321。

问题分析：不能忽视输入的整数是负数的情况。由于输入的整数大小是不固定的，没办法明确是几位整数，因此循环判断的次数也是不确定的。

算法设计：使用 while 语句解决循环次数不确定的问题。具体的算法是每对 10 求余一次，就让这个整数除以 10 一次，这样判断的整数就会越变越小，最终变为 0 时意味着该整数所有位上需要判断并转换的数字都已操作完毕。另外，要求的是逆序数，因此可以将每次的余数乘以 10 后累加得到。第 1 次的余数是整数个位上的数字 m，在第 2 次得到余数（即十位上的数字）n 时，$m×10+n$ 就实现了原先的个位数字左移一位的操作，以此类推，最后一次的余数（原先整数最高位上的数字）出现在了新整数的个位上。这样让每次的余数不断循环左移，结束时的整数就是符合题目要求的逆序数了。

源代码：

```
#include <stdio.h>
#include <math.h>
int fun( int x)
{   int y=0;
    while(x!=0)
    {
        y=y*10+x%10;
        x=x/10;
    }
    return y;
}
main()
{   int i;
    scanf("%d",&i);
    printf("%d--->%d\n",i,fun(i));
}
```

运行结果如下：

输入：-134568
输出：-134568--->-865431

思考讨论：

（1）是否要先判断 x 的正负性？再用一个变量的不同取值来区分正负整数？

（2）若是针对八进制、十六进制的整数，则程序该如何修改？

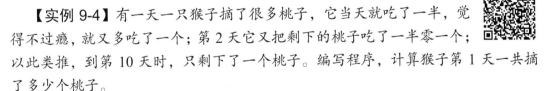

【实例 9-4】有一天一只猴子摘了很多桃子，它当天就吃了一半，觉得不过瘾，就又多吃了一个；第 2 天它又把剩下的桃子吃了一半零一个；以此类推，到第 10 天时，只剩下了一个桃子。编写程序，计算猴子第 1 天一共摘了多少个桃子。

问题分析：根据条件可知，前一天桃子的数量可以用当天桃子的数量加 1 后乘以 2 得出，如果要计算第 1 天的桃子数量，就必须知道第 2 天的桃子数量，而第 2 天的桃子数量也要根据第 3 天的桃子数量计算，以此类推，最后一天剩下的桃子数量是 1，这样就能倒推出第 1 天的桃子总数了。

算法设计：通过分析发现，使用递归法求解这个问题比较简单。猴子吃桃问题的算法流程图如图 2-9-1 所示。

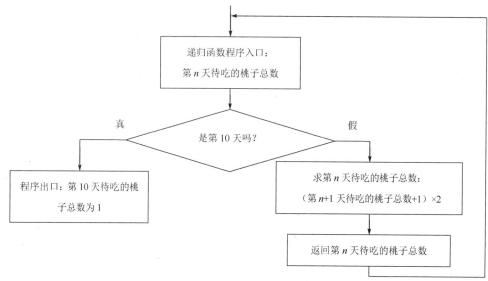

图 2-9-1　猴子吃桃问题的算法流程图

源代码：

```c
#include <stdio.h>
int monkey(int n);
main()
{   int n;
    n=monkey(1);
    printf("n=%d\n",n);
}
int monkey(int n)
{   int m;
    if(n==10)
        return 1;
    else
    {   m=2*(monkey(n+1)+1);
        return m;
    }
}
```

运行结果如下：

```
n=1534
```

思考讨论：

（1）如果将吃桃子改为摘桃子，第 1 天摘了一个桃子，第 2 天所摘的桃子数量是前一天桃子数量的 2 倍还多 1 个，能不能用递归函数求出第 *n* 天所摘的桃子数量？

（2）在程序的 monkey 函数中，选择结构的 else 及其后面的一对花括号能否删除？为什么？

【实例9-5】有 *m* 个学生，每个学生要参加 *n* 门课程的考试，要求编写函数，分别完成以下操作。

（1）查找每门课程中最高分的学生，并显示他的成绩。

（2）查找每门课程中不及格的学生，显示他的成绩，并统计不及格成绩的学生人数。

问题分析：首先使用一个二维数组 x 存放成绩，将学生人数作为行数，课程门数作为列数。因为每次操作对象都是学生的成绩，所以考虑将二维数组作为形参。此外，每次需要输出成绩的学生可能不止一个，所以还需要将一个一维数组 b（长度为 m）作为形参，该数组用来记录每个学生的输出状态，当 b[i]等于-1 时表示第 i 个学生的成绩不需要输出，否则表示该学生的成绩需要输出。由于需要多次输出符合某种条件的学生成绩，因此可以考虑专门定义一个输出函数来实现有针对性的输出。

算法设计：主函数的算法流程图如图 2-9-2（a）所示，"输出指定学生成绩"的 f1 函数算法流程图如图 2-9-2（b）所示，"查找每门课程中最高分的学生"的 f2 函数算法流程图如图 2-9-2（c）所示，"查找每门课程中不及格的学生，并统计不及格成绩的学生人数"的 f3 函数算法流程图如图 2-9-2（d）所示。

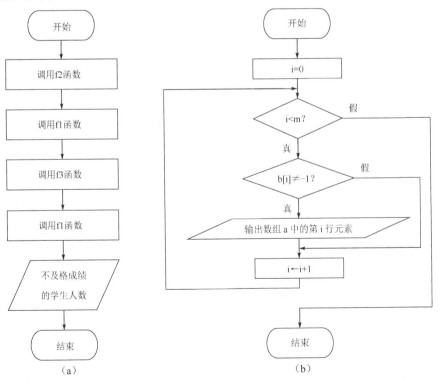

图 2-9-2　算法流程图

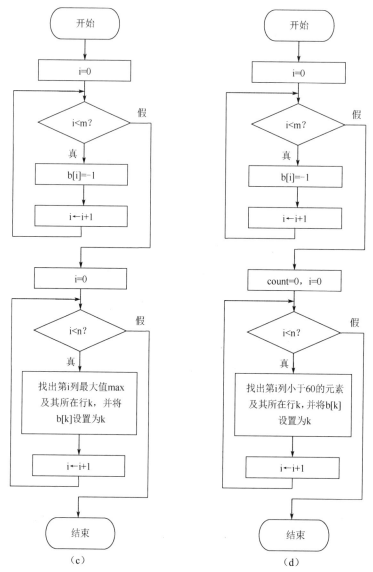

（c）　　　　　　　　　　　（d）

图 2-9-2　算法流程图（续）

源代码：

```
#include <stdio.h>
#define M 5          /*学生人数*/
#define N 4          /*课程门数*/

void f1(float a[][N],int b[])     /*输出指定学生成绩*/
{   int i,j;
for (i=0;i<M;i++)
        if(b[i]!=-1)
        {    for(j=0;j<N;j++)
                printf("%8.1f",a[i][j]);
```

```
            printf("\n");
        }
}


void f2(float a[][N],int b[])        /*查找每门课程中最高分的学生*/
{   int i,j,k;
float max;
    for(i=0;i<M;i++)
        b[i]=-1;
    for(i=0;i<N;i++)
    {   max=a[0][i];
        k=0;
        for(j=0;j<M;j++)
            if(a[j][i]>max)
            {   max=a[j][i];
                k=j;
}
        b[k]=k;
}
}


/*查找每门课程中不及格的学生，并统计不及格成绩的学生人数*/
int f3(float a[][N],int b[])
{   int i,j,k;
    int count=0;        /*不及格成绩的学生人数*/
    for(i=0;i<M;i++)
        b[i]=-1;
    for(i=0;i<N;i++)
        for(j=0;j<M;j++)
            if(a[j][i]<60)
            {   k=j;
                b[k]=k;
                count++;
                }
        return count;
}
main()
{   int b[M],num;
    float x[M][N]={{34,80,78,90},{89,59,100,83},{92,87,78,70},
{77,58,45,80},{64,68,70,81}};
    printf("**********\n");
    f2(x,b);
    f1(x,b);
```

```
    printf("**********\n");
    num=f3(x,b);
    f1(x,b);
    printf("**********\n");
    printf("%d\n ",num);
}
```

运行结果如下：

```
输出:
**********
    34.0    80.0    78.0    90.0
    89.0    59.0   100.0    83.0
    92.0    87.0    78.0    70.0
**********
    34.0    80.0    78.0    90.0
    89.0    59.0   100.0    83.0
    77.0    58.0    45.0    80.0
**********
4
```

思考讨论：

（1）为什么要专门定义一个 f1 函数来实现数据的输出？

（2）3 个函数为什么要引入一维数组 b 作为形参？数组 b 内的元素初值为何取值为-1，能否改为 0？

（3）如果还要统计每门课程的平均分，那么应该如何设计函数？

四、实验内容

1. 写出下列程序的运行结果。

```
#include <stdio.h>
int x,y=3,z;
void p( int *x,int y)
{   ++*x;y--;z=*x+y;
    printf("%d, %d, %d\n",*x,y,z);
}
main()
{   int y=2;
    x=1;   z=4;
    p(&x,y);
    printf("%d, %d, %d\n",x,y,z);
    p(&y,x);
    printf("%d, %d, %d\n",x,y,z);
}
```

2. 下列程序是将输入的十进制整数 n 通过 DtoH 函数转换为十六进制数，并将转换结果以字符串的形式输出（例如：输入十进制数 79，将输出十六进制数 4f）。请将程序补充完整。

```c
# include <stdio.h>
# include <string.h>
char trans(int x)
{   if(x<10)
        return '0'+x;
    else
            ①
}
int DtoH(int n,char *str)
{   int i=0;
    while(n!=0)
    {       ②
        n/=16;i++;
    }
    return i-1;
}
main()
{   int i,k,n;
    char str[32];
    scanf("%d",&n);
    k=    ③    ;
    for (i=0;i<=k;i++)
        printf("%c",str[k-i]);
}
```

3. 先分析下列程序的运行结果，再上机调试，查看运行结果是否与自己分析的结果一致。

```c
#include<stdio.h>
int f1(char ch)
{   int grade;
    switch(ch)
    {   case 'A': grade =95; break;
        case 'B': grade =85; break;
        case 'C': grade =75;
        case 'D': grade =65; break;
        default: grade=0;
    }
    return grade;
}
int f2( )
```

```
{   static int k=1, s=0;
    s = s+k;
    k++;
    return s ;
}
int f3 (int n )
{   if (n == 1)  return 2;
        else return f3(n-1);
}
main()
{   int i;
    printf("%d\n", f1('C'));
    for (i=1; i<=3; i++)
        f2( );
    printf("%d\n", f2( ));
    printf("%d\n", f3(4));
}
```

4．写出下列程序的运行结果。

```
#include<stdio.h>
void fun(int *a,int m,int n)
{   int t;
    if(m<n)
    {   t=a[n];a[n]=a[m];a[m]=t;
        fun(a,++m,--n);
    }
}
main()
{   int x[]={1,2,3,4,5,6,7,8},i;
    fun(x,0,7);
    for(i=0;i<8;i++)
      printf("%d ",x[i]);
}
```

5．在主函数中输入两个字符串，要求设计一个函数，将这两个字符串连接起来，并返回新字符串的长度。请将程序补充完整。

```
#include<stdio.h>
#include<string.h>
int str(char x[],char y[]);
main()
{   int n;
    char a[100],b[50];
    gets(a);
```

```
    puts(a);
    gets(b);
    puts(b);
    n=_____①_____;
    puts(a);
    printf("%d\n",n);
}
int str(char x[],char y[])
{   int num=0,n=0;
    while(*(x+num)!=_____②_____)
        num++;
    while(y[n])
    {   _____③_____=y[n];
        num++;
        _____④_____;
    }
    *(x+num)=_____⑤_____;
    return _____⑥_____;
}
```

6. 下列程序要求输出 80～120 范围内满足给定条件的所有整数，条件为构成该整数的每位数字都相同。要求定义和调用 is(n)函数来判断整数 n 的每位数字是否都相同，若相同，则返回 1，否则返回 0。请将程序补充完整。

```
#include <stdio.h>
int is(int n);
main()
{   int i;   int is(int n);
    for(i = 80; i <= 120; i++)
        if(___①___) printf("%d ", i);
    printf("\n");
}
int is(int n)
{   int old, digit;
    old = n % 10;
    do{
        digit = n % 10;
        if(___②___) return 0 ;
        ___③___
        n = n / 10;
    }while( n != 0 );
    ___④___
}
```

7. 在主函数中输入两个字符串 A 和 B（少于 80 个字符），调用函数判断字符串 A 中是否包含字符串 B。若满足条件，则返回 1，否则返回 0。请将程序补充完整。

```
#include <stdio.h>
int in(char *s,char *t)
{   int i,j,k;
    for(i=0;s[i]!='\0';i++)
    {    ____①____;
        if(s[i]==t[j])
        {   for(k=i;t[j]!='\0';k++,j++)
                if(____②____)
                    break;
            if(t[j]=='\0')
                ____③____;
        }
    }
    return 0;
}
main()
{   char s[80],t[80];
    printf("Enter a string:");
    gets(s);
    printf("Enter b string:");
    gets(t);
    if(____④____)
        printf("\"%s\" include \"%s\"\n",s,t);
    else
        printf("\"%s\" doesn't include \"%s\"\n",s,t);
}
```

8. 分析下列程序。

```
#include<stdio.h>
char f(char *s)
{   char *p;
    for(p=s;*p;p++)
        if(*p>='A'&&*p<='Z')
            *p+='a'-'A';
    return *s;
}
main()
{   char s[80],*p=s;
    gets(s);
    f(p);
```

```
        printf("%s\n", p);
}
```

如果在程序运行时通过键盘输入"How are you!<回车>"，则该程序的输出结果为_____。

9．编写一个判断字符串是否为回文的函数（回文是指正读与倒读都相同的字符串）。

10．编写函数，统计输入的字符串中数字字符的数量，并将统计值返回到主函数中显示。

11．按下列要求编写程序。

（1）定义函数 $f(n)$，计算 $n+(n+1)+(n+2)+\cdots+(2n-1)$ 的值，设置函数返回值类型为 double。

（2）定义主函数，输入正整数 n，计算并输出下列算式的值。（要求调用函数 $f(n)$ 计算 $n+(n+1)+(n+2)+\cdots+(2n-1)$ 的值。）

$$s = 1 + \frac{1}{2+3} + \frac{1}{3+4+5} + \cdots + \frac{1}{n+(n+1)+\cdots+(2n-1)}$$

12．编写练习加法运算的函数 int cal(int n)：随机产生两个两位数，让练习者通过键盘输入得数来判断对错，并将统计结果的正确率反馈给主函数。其中，所做题目数量 n 由主函数输入，当练习者输入-1 作为得数时，可以提前结束加法运算练习。

13．按姓名对一个班级的学生进行排序。在主函数中输入班级人数，并分别调用以下两个函数。

（1）输入各位学生姓名的函数。

（2）对各位学生的姓名按字母大小排序的函数，要求在主函数中分别显示排序前后的姓名排列情况。

14．编写一个从字符串中删除指定字符的函数。

15．编写程序，求表达式 $s = \frac{x}{2!} + \frac{x^3}{4!} + \cdots + \frac{x^{2n-1}}{(2n)!}$ 的值。要求在主函数中输入 x 与 n 的值，通过调用函数求出 s 的值并打印输出。

提示：求表达式值的函数原型如下。

```
double fxns (int n, double x);
```

16．编写程序，在主函数中输入一个 3 位数 m，要求显示 100～m 范围内的所有水仙花数。若不存在，则显示"此范围内不存在水仙花数"。要求用一个函数判断某个整数是否为水仙花数。

实 验 10

结构体

一、实验目的

1. 掌握结构体变量的基本使用方法。
2. 掌握结构体数组的基本使用方法。
3. 掌握结构体的简单嵌套应用。
4. 掌握结构体指针的概念，以及结构体指针作为函数参数的使用方法。

二、预备知识

1. 结构体变量和结构体数组

（1）结构体类型的定义。

定义形式如下：

```
struct 结构体名 {类型标识符 成员名;…… };
```

例如：

```
struct rectangle{float length; float width;};
```

（2）结构体变量的定义。

定义形式如下：

```
struct 结构体名 变量名列表;
```

例如：

```
struct rectangle rec1,rec2;
```

（3）结构体变量的初始化。

初始化形式如下：

```
struct 结构体名 变量名={成员值列表};
```

例如：

```
struct rectangle rec1={20.0,10.0};
```

（4）结构体变量成员的引用。

引用形式如下：

结构体变量名.成员名

例如：

```
rec1.length=25.0;
```

注意：C 语言中除了两个相同类型的结构体变量可以相互整体赋值，不能对结构体变量名直接引用，只能对结构体变量中的成员分别引用，如果某成员本身又是一个结构体类型，则只能通过多级的分量运算对最低一级的成员进行引用，此时的引用形式扩展如下：

结构体变量.成员.子成员……最低一级子成员

（5）结构体数组的定义与初始化。

定义与初始化形式如下：

struct 结构体名 结构体数组名[数组长度]={{第0个元素成员值},…{第i个元素成员值},…};

例如：

```
struct rectangle r[3]={{ 10.0,5.0},{15.0,10.0},{12.0,6.0}};
```

（6）结构体数组的引用。

引用形式如下：

结构体数组名[下标].成员名

例如：

```
r[1].length=5.0;
```

2. 结构体指针

（1）结构体指针的定义。

定义形式如下：

struct 结构体名 *结构体指针名;

例如：

```
struct rectangle *p;
```

① 指向结构体变量的指针。

```
p=&rec1;
```

② 指向结构体数组的指针，具体指向数组元素 r[0]。

```
p=r;
```

（2）结构体变量成员的引用形式有以下 3 种。

① 结构体名.成员名。

② (*结构体指针).成员名。

③ 结构体指针->成员名。

例如：rec1.length、(*p).length、p->length。

3. 结构体与函数

（1）结构体变量作为函数参数。

当结构体变量作为函数参数时，形参和实参之间是多值传递。

（2）结构体数组或结构体指针作为参数。

当结构体数组或结构体指针作为参数时，形参和实参之间是地址传递。

（3）返回结构体的函数。

函数的返回值为一个结构体变量或结构体指针。

关于结构体与函数的关系可以参考实例 10-3 和实例 10-4。

三、实例解析

【实例 10-1】定义一个结构体变量，用来表示坐标系上点的坐标，并输入两点坐标，计算两点之间的距离。

问题分析： 本实例是一个基本的结构体例题，主要涉及结构体类型的定义、结构体变量的定义和引用。在定义表示点的结构体类型时，需要考虑精度问题，要将结构体成员类型定义为实型，同时在输入点坐标时注意，应该分别输入两个点坐标，而不能整体输入。

算法设计： 根据上面的分析，求两点之间距离的算法流程图如图 2-10-1 所示。

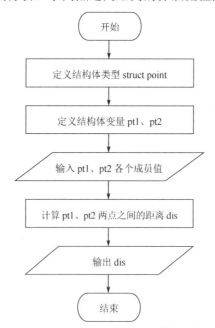

图 2-10-1　求两点之间距离的算法流程图

源代码:

```
#include <stdio.h>
#include <math.h>
struct point
{   float x;
    float y;
};
main()
{   float dis;
    struct point pt1,pt2;
    printf("input point1.x,point1.y");
    scanf("%f,%f",&pt1.x,&pt1.y);
    printf("input point2.x,point2.y:");
    scanf("%f,%f",&pt2.x,&pt2.y);
    dis=sqrt((pt1.x-pt2.x)*(pt1.x-pt2.x)+(pt1.y-pt2.y)*(pt1.y-pt2.y));
    printf("The distance of the two points is:%f\n",dis);
}
```

思考讨论:

(1)本实例中结构体成员的类型是 float,如果将其类型修改为 int,结果会是什么样的?

(2)同类型的题目,如求两个分数之和、两个复数之积等问题也可以采用类似的解决方法,请读者尝试完成。

【实例 10-2】本实例为上机调试题,阅读下列程序,并完成以下问题。

(1)说明该程序的功能。

(2)如果输入"12:12:30<空格>10",则输出什么?

(3)如果输入"12:12:50<空格>10",则输出什么?

(4)如果输入"22:59:30<空格>30",则输出什么?

(5)如果输入"23:59:0<空格>300",则输出什么?

```
#include "stdio.h"
struct st
{   int x,y,z;};
    void f(struct st *t ,int n)
    {   t->z= t->z + n ;
        if(t->z >= 60)
        {   t->y = t->y + t->z/60;
            t->z= t->z%60;
        }
        if(t->y >= 60)
        {   t->x= t->x + t->y/60;
```

```
                t->y= t->y%60;
            }
        if(t->x >= 24)
            t->x = t->x %24;
    }
main()
{   int k,n;
    struct st time;
    scanf("%d:%d:%d%d",&time.x, &time.y, &time.z, &n);
    f(&time,n);
    printf("%d:%d:%d\n", time.x, time.y, time.z);
}
```

问题分析：此程序由 main 函数和 f 函数组成，main 函数主要用于实现时间的输入和输出，具体的时间转换由 f 函数完成。f 函数有两个参数，一个是时间数据的存储地址，另一个是需要添加的秒数 n。

算法设计：首先将 f 函数中的时、分、秒分别用 t->x、t->y、t->z 表示，在对 t->z 加上 n 后，如果结果超过 60，则将其除以 60 的商加到 t->y 上，并将余数赋值给 t->z；然后继续判断，如果 t->y 超过 60，则将其除以 60 的商加到 t->x 上，并将余数赋值给 t->y；最后判断 t->x 有没有超过 24，如果超过，则将其除以 24 的余数赋值给 t->x。

运行结果如下：

（1）该程序的功能是读入一个时间数值，并将其加上 n 秒后输出，输入和输出的时间格式都为"时:分:秒"。

（2）如果输入"12:12:30<空格>10"，则输出"12:12:40"。

（3）如果输入"12:12:50<空格>10"，则输出"12:13:0"。

（4）如果输入"22:59:30<空格>30"，则输出"23:0:0"。

（5）如果输入"23:59:0<空格>300"，则输出"0:4:0"。

思考讨论：本实例需要特别注意的是时、分、秒之间的关系。类似的题目，如求两个时间的时间差等问题也可以采用同样的解决方法，请读者尝试完成。

【实例 10-3】一个学习小组有 6 个学生，每个学生都包括学号、姓名、期中成绩、实验成绩、期末成绩和课程成绩这 6 项数据。其中，课程成绩=期中成绩*20%+实验成绩*20%+期末成绩*60%。要求输入 6 个学生的学号、姓名、期中成绩、实验成绩和期末成绩，计算他们的课程成绩，并输出课程成绩最高的学生信息。

问题分析：本实例需要完成 4 项任务，首先输入所有学生的信息，其次根据输入的各项成绩计算课程成绩，然后确定课程成绩最高的学生，最后将该学生的信息输出。

　　算法设计：根据上面的分析，可以考虑先定义一个 input 函数来实现学生信息的输入和课程成绩的计算，再定义一个 max_score 函数来确定课程成绩最高的学生，最后在 main 函数中输出课程成绩最高的学生信息。

　　源代码：

```
#include<stdio.h>
#define M 6
struct student
{   char name[10];
    char num[10];
    float mid_score,exp_score,final_score,score;
};
void input(struct student stu[])
{   int i;
    for(i=0;i<M;i++)
    {   scanf("%s",stu[i].name);
        scanf("%s",stu[i].num);
        scanf("%f%f%f",&stu[i].mid_score,&stu[i].exp_score, &stu[i].final_score);
        stu[i].score=stu[i].mid_score*0.2+stu[i].exp_score*0.2+stu[i].final_score*0.6;
    }
}

int max_score(struct student stu[])
{   int i,k;
    k=0;
    for(i=0;i<M;i++)
    {   if(stu[k].score <stu[i].score)
            k=i;
    }
    return k;
}
main()
{   struct student stu[M];
    int k;
    input(stu) ;
    k=max_score(stu);
    printf("%s\n%s\n",stu[k].name,stu[k].num);
    printf("%f%f%f%f",stu[k].mid_score,stu[k].exp_score, stu[k].final_score,
stu[k].score);
}
```

思考讨论：类似的问题，如果涉及多个操作，如结构体数据输入、求最大值或最小值、排序、输出等，那么可以采用独立函数来实现，这样结构会比较清晰，请读者尝试完成。

【实例 10-4】定义一个有关日期的结构体类型变量（包括年、月、日），通过键盘为变量中的各个成员输入数据，计算该日期是本年中的第几天，并按照"年/月/日是该年的第几天"格式输出（注意闰年情况）。

问题分析：本实例的关键是计算从本年的第一天到指定日期所经历的天数，先计算在指定月份前所有月份的天数之和，再加上指定日，结果就是该日期在本年中的位置。

算法设计：根据以上分析，定义一个 Calculate_Day 函数，并用变量 day 来记录到指定月份前所有月份的天数之和，考虑到不同月份的天数不一，因此需要通过选择结构设置几个分支来进行判断，如果该月份是大月（1 月、3 月、5 月、7 月、8 月、10 月、12 月），则 day 加 31；如果是小月（4 月、6 月、9 月、11 月），则 day 加 30；在计算平月（2 月）的天数时，若是闰年，则 day 加 29，若不是闰年，则 day 加 28。最后 day 加指定日就是最终结果。

源代码：

```
#include "stdio.h"
struct Date
{   int year;
    int month;
    int day;
};
int Calculate_Day(struct Date  inputdate);
main()
{   struct Date inputdate;
    int day;
    puts("Please input year, month and day: ");
    scanf("%d/%d/%d",&inputdate.year,&inputdate.month,
                &inputdate.day);
    day=Calculate_Day(inputdate);
    printf("%d/%d/%d是该年的第%d 天\n", inputdate.year,
                inputdate.month,inputdate.day,day);
}
int Calculate_Day(struct Date  inputdate)
{   int i, day=0;
    for(i = 1; i<inputdate.month; i++)
        switch(i)
        {   case 1:
```

```
            case 3:
            case 5:
            case 7:
            case 8:
            case 10:
            case 12: day+=31; break;
            case 4:
            case 6:
            case 9:
            case 11: day+=30; break;
            case 2:
                if(inputdate.year%4==0 && inputdate.year%100!=0
                                    || inputdate.year%400==0)
                    day+=29;
                else
                    day+=28;
        }
    day+=inputdate.day;
    return day;
}
```

运行结果如下：

（1）输入"1999/3/4"后，输出结果为"1999/3/4 是该年的第 63 天"。

（2）输入"2000/3/4"后，输出结果为"2000/3/4 是该年的第 64 天"。

思考讨论：本实例中的 switch 语句能否用多分支 if 语句来实现，如果能，哪种更加精简？每个月对应的天数能否用数组表示？如果能，那么应该如何修改程序？

【**实例 10-5**】希望小学在六一儿童节表演的《民族舞》节目需要 15 个学生参加，某班级有 15 个女生和 15 个男生，于是老师让这 30 个学生排队围成一个圆圈，从第 1 个学生开始依次报数，凡报 9 的学生就出列加入民族舞的表演，如此循环进行，直到 15 个学生被选出为止。请问怎样排列，才能使每次被选出的都是女生。

问题分析：实例中要求 30 个学生围成一个圆圈，因此可以用一个循环的链来表示，可以使用结构体数组构成一个环形链。结构体中有两个成员，一个成员为下一个学生的序号，用于构成环形的链；另一个成员为此学生是否被选出的标记，为 1 表示还在队伍中。从第 1 个学生开始对尚未被选出的人进行计数，每当计数到 9 时，就将结构体中的标记改为 0，表示此学生已被选出。这样循环计数，直到 15 名学生被选出为止。

算法设计：根据以上分析，确定人员位置顺序的算法流程图如图 2-10-2 所示。其中，图 2-10-2（b）是对图 2-10-2（a）中建立环形链步骤的细化。

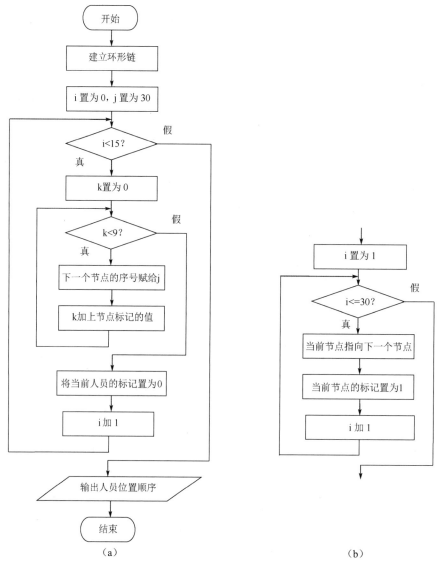

（a）   （b）

图 2-10-2　确定人员位置顺序的算法流程图

源程序：

```
#include "stdio.h"
struct node
{   int nextp;
    int no_out;
}link[31];
main()
{   int i,j,k;
    for(i=1;i<=30;i++)
    {   link[i].nextp=i+1;
        link[i].no_out=1;
```

```
    }
    link[30].nextp=1;
    j=30;
    for(i=0;i<15;i++)
    {   for(k=0; k<9;)
        {   j= link[j].nextp;
            k=k+ link[j].no_out;
        }
        link[j].no_out=0;
    }
    printf ("The original circle is(+pagadom,@christian:)\n");
    for(i=1;i<=30;i++)
        printf ("%c", link[i].no_out?'@':'+');
    printf("\n");
}
```

运行结果如下：

```
The original circle is(+pagadom,@christian:)
@@@@+++++@@+@@@+@++@@+++@++@@+
```

其中，+表示女生，@表示男生。

思考讨论：类似的题目也可以采用同样的方法。例如，将 N 个礼物围成一圈并依次编号，并指定从第 M 个礼物开始计数，计到第 S 个礼物时就将其取出，然后从下一个礼物开始继续计数，计到第 S 个礼物时又将其取出，求礼物被取出的先后顺序。（解答实验内容中的第 13 题时可参考本例。）

四、实验内容

1. 上机调试下列程序，并写出程序的运行结果。

```
#include <stdio.h>
struct STU
{   char num[10];
    float score[3];
};
main()
{   struct STU s[3]={{"20021",90,95,85}, {"20022",95,80,75}, {"20023",100,95,90}},
*p=s;
    int i;
    float sum=0;
    for(i=0;i<3;i++)
        sum = sum + p->score[i];
    printf("%6.2f\n",sum);
```

```
}
```

2. 上机调试下列程序，并写出程序的运行结果。

```c
#include <stdio.h>
struct STU
{   char name[10];
    int num;
    int Score;
};
main()
{   struct STU s[5]={{"YangSan",20041,703},
                     {"LiSiGuo",20042,580},
                     {"wangYin",20043,680},
                     {"SunDan",20044,550},
                     {"Penghua",20045,537}},*p[5],*t;
    int i,j;
    for(i=0;i<5;i++)
    p[i]=&s[i];
    for(i=0;i<4;i++)
    for(j=i+1;j<5;j++)
        if(p[i]->Score>p[j]->Score)
        {   t=p[i];
            p[i]=p[j];
            p[j]=t;
        }
    printf("%d %d\n",s[1].Score,p[1]->Score);
}
```

3. 下列程序的功能是先输入 n，再输入 n 个点的平面坐标，最后输出那些距离坐标原点不超过 5 的点的坐标值。程序中存在多处错误，请上机调试并修改这些错误。

```c
#include <stdio.h>
#include <stdlib.h>
main()
{   int i,n;
    struct axy { float x,y; } a;
    scanf("%d",&n);
    a=malloc(n*sizeof(float));
    for(i=0;i<n;i++)
        scanf("%f%f",&a[i].x,&a[i].y);
    for(i=0;i<n;i++)
        if(sqrt(a[i].x*a[i].x+a[i].y*a[i].y)>=5)
            printf("%f,%f\n",a[i].x,a[i].y);
}
```

4. 结构体数组中存放着 5 个人的姓名、性别和年龄信息。下列程序的功能是输出这 5 个人中年龄最小的人的姓名、性别和年龄信息。程序中存在多处错误，请上机调试并修改这些错误。

```
#include <stdio.h>
struct Person
{ char name[20];
  char sex;
  int age;
}person[5]={{"Lily",'F',23},{"Mary",'F',17},{"Peter",'M',21},{"Tom",'M',22},
{"Mike",'M',24}};
main()
{ struct Person *p,*q;
  int young;
  young=p->age;
  for(;p<person+5;p++)
      if(young<p->age)
      {  q=p;
         p->age=young;
      }
  printf("%s,%c,%d", q->name, q->sex, q.age);
}
```

5. 下列程序的功能是读入时间数值，并将其加 1 秒后输出，时间格式为"时:分:秒"，当"时"数值等于 24 的时候，将其设置为 0。请在程序中的横线处填入适当语句，输入并调试程序。

```
#include "stdio.h"
struct TIME
{ int hour;
  int minute;
  int second;
}
main()
{ struct TIME time;
  scanf("%d:%d:%d", ____①____ );
  time.second++;
  if(____②____==60)
  {  ____③____ ;
     time.second=0;
     if( time.minute==60)
     {  time.hour++;
        time.minute=0;
        if(____④____)
```

```
            time.hour=0;
        }
    }
    printf("%d: %d: %d\n",time.hour,time.minute,time.second);
}
```

6. 在下列程序运行时，先输入 n 个学生的姓名和 3 门功课成绩，然后根据 3 门功课的平均成绩从高到低显示每个学生的姓名、3 门功课成绩和平均成绩。请在程序中的横线处填入适当语句，输入并调试程序。

```
#include<stdio.h>
_____①_____
struct student
{   char name [9];
    float a[3];
    float v ;
};
main( )
{   struct student temp,*s;
    int i,j,k,n;
    scanf("%d",&n);
    s=(struct student*)malloc(_____②_____);
    for(i=0;i<n;i++)
    {   scanf("%s",s[i].name);
        s[i].v=0;
        for(j=0;j<3;j++)
        {   scanf("%f",&s[i].a[j]);
            _____③_____;
        }
    }
    for(i=0;i<n-1;i++)
    {   k=i;
        for(j=i+1;j<n;j++) if(_____④_____) k=j;
            if(k!=i)
                {temp=s[i];s[i]=s[k];s[k]=temp;}
    }
    for(i=0;i<n;i++)
    printf("%s,%f,%f,%f,%f\n", s[i].name,s[i].a[0], s[i].a[1], s[i].a[2],
s[i].v);
}
```

7. 上机调试下列程序，并完成以下问题。

```
#include "stdio.h"
struct st
```

```
{   char c;
    char s[80];
};
void f(struct st t);
main()
{   int k;
    struct st a[4]={{'1',"123"},{'2',"321"},{'3',"123"},{'4',"321"}};
    for(k=0;k<4;k++)
        f(a[k]);
}
void f(struct st t)
{   int k=0;
    while(t.s[k]!='\0')
    {   if(t.s[k]==t.c)
            printf("%s\n", t.s+k);
        k++;
    }
}
```

（1）说明该程序的功能。

（2）程序的运行结果是什么？

8．上机调试下列程序，并写出程序的运行结果。

```
#include"stdio.h"
struct card
{   char *face;
    char *suit;
};
void filldeck(struct card *wdeck,char *wface[],char *wsuit[])
{   int i;
    for(i=0;i<4;i++)
    {   wdeck[i].face=wface[i%2];
        wdeck[i].suit=wsuit[i/2];
    }
}
void deal(struct card *wdeck)
{   int i;
    for(i=0;i<4;i++)
        printf("(%2s of %-6s)\n", wdeck[i].face, wdeck[i].suit);
}
main()
{   struct card deck[4];
    char *face[]={"K","Q"};
    char *suit[]={"Heart","Club"};
```

```
        filldeck(deck, face, suit);
        deal(deck);
}
```

9. 定义一个表示分数的结构体类型，并利用该结构体类型求两个分数之和。

10. 定义一个表示时间的结构体类型，包含时、分、秒信息。输入两个时间，输出这两个时间差的绝对值，要求时间差仍用该结构体存储。

提示：先将两个时间转换为秒数，然后计算两个时间相差的秒数，最后将计算结果转换为时、分、秒的形式。

11. 某学校教师进行年底综合测评，教师的个人信息包括工号、姓名、教学分、科研分和管理分，综合测评成绩=教学分×60%+科研分×30%+管理分×10%，根据综合测评成绩确定考核等级，成绩排在前 20%的为 A，排在后 20%的为 C，其余为 B。

（1）要求输入 10 个教师的信息，确定其综合测评成绩。

（2）根据综合测评成绩确定考核等级。

12. 中国有句俗语叫"三天打鱼，两天晒网"，假设一个渔民从 2000 年 1 月 1 日开始"三天打鱼，两天晒网"，请问此人在以后的某一天中是在"打鱼"还是在"晒网"呢？

提示：先计算从 2000 年 1 月 1 日到指定日期一共有多少天，由于"打鱼"和"晒网"的周期为 5 天，因此用 5 去除计算出来的天数，如果余数为 1、2、3，则在"打鱼"，否则在"晒网"。

13. 13 个人围成一圈，从第 1 个人开始顺序报数 1、2、3，凡是报 3 的人就退出圈子，找出最后留在圈子中的人的序号，要求用结构体数组实现。

14. 定义一个包含职工姓名、工作年限和工资总额的结构体类型，先初始化 5 名职工的信息，再对工龄超过 30 年的职工增加 1000 元工资，最后分别输出工资变化前和变化后的所有职工的信息。

实 验 11

链表操作

一、实验目的

1. 掌握链表的概念。
2. 掌握单向链表的建立、遍历、插入和删除等操作。

二、预备知识

1. 数组与链表

当需要处理大量相关数据时，可以考虑使用数组。C 语言规定在定义数组时必须确定元素的个数，并在编译时为数组分配一块连续的存储空间，但在很多情况下无法事先确定元素的个数，只能定义一个"足够大"的数组，从而造成了存储空间的浪费。此外，在数组中插入或删除一个元素时，需要移动大量的数据，导致程序的执行效率较低。

链表是一种动态的数据结构，它由若干个节点链接而成，与数组最大的不同是节点在内存中并不占据连续的存储空间，在程序运行期间，可以根据需要动态地插入或删除节点，从而克服数组伸缩性差的缺点，但存取数据时不太方便。

2. 单向链表的基本结构

链表可分为单向链表、双向链表、循环链表等，其中单向链表的结构最简单，其基本构成如下。

（1）头指针。

头指针是一个用于存放链表中第 1 个节点（头节点）地址的指针变量，其基类型与节点的数据类型相同。对链表的各种操作都是从头指针开始"顺藤摸瓜"逐个访问节点的。

（2）节点。

链表中的每个节点一般都由数据域和指针域两部分组成。其中，数据域用于存放用户需要使用的具体数据，可以是一个数据项，也可以是多个数据项。指针域则用于存放与该节点相链接的下一个节点的地址，其基类型与节点的数据类型相同。链表最后一个节点（尾节点）的指针域存放的是一个空地址 NULL，作为链表结束的标志。

链表的节点通常采用结构体类型进行描述，例如：

```
struct node
{    int data1;                        /*数据域*/
     float data2;
     …
     struct node *next;                /*指针域*/
};
struct node *head;                     /*头指针*/
```

3. 动态存储空间的建立和释放

与链表动态分配存储空间相关的函数和运算主要有以下 3 种。

（1）malloc 函数。

函数原型如下：

```
void *malloc(unsigned int size);
```

功能：在内存的动态存储区域中分配一个长度为 size 的连续空间。

返回值：若申请成功，则返回所分配空间的起始地址，否则返回一个空地址 NULL。

（2）sizeof(type)运算符。

计算所给数据类型 type 的存储字节数，主要用来计算链表中的节点所占动态存储空间的字节数。

（3）free 函数。

函数原型如下：

```
void free(void *p);
```

功能：释放由 malloc 函数动态申请的存储空间，p 为要释放空间的起始地址。

返回值：无。

为链表节点动态分配存储空间的基本操作如下：

```
struct node *new;
new=(struct node *)malloc(sizeof(struct node));
…
free(new);
```

4. 单向链表的基本操作

单向链表的基本操作包括建立单向链表、遍历单向链表、在单向链表中插入一个节点、在单向链表中删除一个节点等。在此仅进行简单介绍，具体实现及应用见本实验的相关实例。

（1）建立单向链表。

① 建立头指针。

② 建立第 1 个节点。

③ 头指针指向第 1 个节点。

④ 建立第 2 个节点。

⑤ 第 1 个节点的指针域指向第 2 个节点。

⑥ 以此类推，最后一个节点的指针域指向 NULL。

（2）遍历单向链表。

① 将头指针赋值给 p。

② p 指向下一个节点（第 1 个节点），并执行相应操作。

③ p 指向下一个节点（第 2 个节点），并执行相应操作。

④ 以此类推，直到 p 指向的下一个节点为 NULL 时结束遍历。

（3）在单向链表中插入一个节点。

① 通过遍历确定插入位置（如在 p 之后）。

② 记录 p 节点的下一个节点 q。

③ p 指向新节点。

④ 新节点指向 q。

（4）在单向链表中删除一个节点。

① 通过遍历确定删除位置（如在 p 之后）。

② p 指向要删除节点的下一个节点。

③ 释放要删除节点的空间。

三、实例解析

【实例 11-1】建立一个单向链表，在链表每个节点的数据域中存放一个整型数据。求链表的所有节点中数据域值最小的节点的位置，并输出该节点的数据域值。

问题分析：本实例需要完成 3 项任务，先建立链表，再求数据域值最小的节点的位置，最后输出该节点的数据域值。

算法设计：根据上面的分析，先定义一个 CreateLink 函数来建立由 n 个节点组成的链表，再定义一个 min 函数来确定数据域值最小的节点的位置（其中，p 指向当前节点，s 指向值最小的节点），最后在 main 函数中输出该节点的数据域值。求数据域值最小的节点的算法流程图如图 2-11-1 所示。其中，图 2-11-1（b）是对图 2-11-1（a）中"建立由 n 个节点组成的链表"这一步骤的细化。

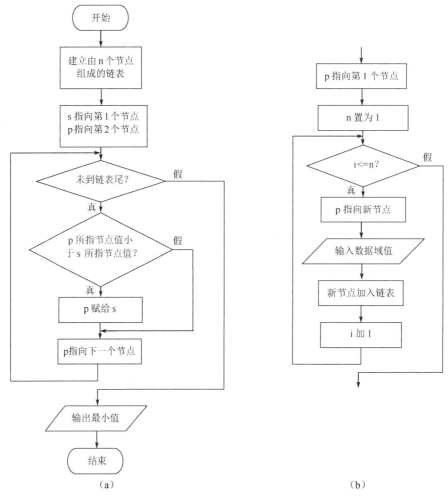

图 2-11-1 求数据域值最小的节点的算法流程图

源代码:

```
#include"stdio.h"
#include"stdlib.h"
struct link
{   int data;
    struct link *next;
};
struct link * CreateLink(int n)
{   struct link *head,*p,*q;
/* head 为链表头指针、p 指向新开辟的节点、q 指向链表的尾节点 */
    int i;
    head=q=p=(struct link *) malloc(sizeof(struct link));
    for(i=1;i<=n;i++)
    {   scanf("%d",&p->data);
        if(i<n)
```

```
    {    p=(struct link *) malloc(sizeof(struct link));
         q->next=p;
         q=p;
    }
  }
  q->next=NULL;
  return(head);  /*函数返回的值是链表头指针*/
}
struct link *min(struct link *head)
{   struct link *p,*s;
    s=head;
    p=head->next;
    while(p!=NULL)
    {   if(p->data<s->data) s=p;
        p=p->next;
    }
    return s;
}
main()
{   struct link *head,*p;
    int n;
    printf("Please input n") ;
    scanf("%d",&n);
    head=CreateLink(n);
    p=min(head);
    printf("min=%d\n",p->data);
}
```

思考讨论：

（1）链表的建立和遍历是链表最基本的操作，其中最关键的是要掌握各个指针的作用、当前指向及走向。

（2）如果本实例要求的是数据域值最大的节点的位置，那么需要改动哪些地方？

【实例 11-2】建立一个链表，用来表示某楼盘的房源销售情况（假设共有 n 套房源），每套房源信息包括房源编号和建筑面积，如果售出一套房源，就将其从链表中删除，要求通过输入房源编号来确定要删除的房源。

问题分析：要删除房源信息链表中的某套房源，就要先找到该房源在链表中的位置，如果要删除的节点是首节点，则应在删除前改变头指针的指向，使头指针指向该节点的后继节点，如果不是首节点，则将该节点前驱节点的指针域指向该节点的后继节点。

算法设计：根据上面的分析，删除指定房源的算法流程图如图 2-11-2 所示。由于链表的建立在实例 11-1 中已经详细分析过了，因此本实例主要分析链表节点的删除方法。

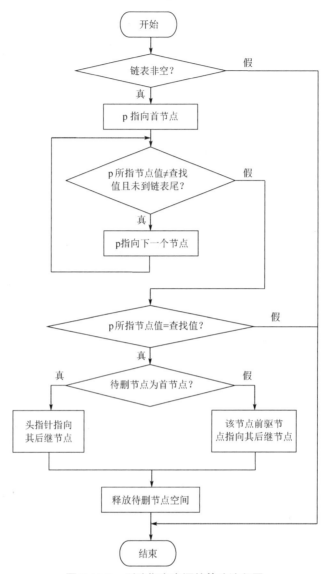

图 2-11-2　删除指定房源的算法流程图

源代码：

```
#include"stdio.h"
#include"stdlib.h"
struct link
{   int num;
    float area;
    struct link *next;
};
struct link *CreateLink(int n)
{   /* 略*/
}
```

```
struct link *Delete (struct link *head,int m)
{   struct link *p,*s;
    if(head==NULL)
        printf("The house link is null") ;
    else
    {   p=head;
        while(p!=NULL&&p->num!=m)
        {   s=p;
            p=p->next;
        }
    }
    if(p->num==m)
    {   if(p==head)
            head=p->next;
        else
            s->next=p->next;
        free(p);
        printf("The house %d is saled.",m) ;
    }
    else
        printf("The house is not in the link.") ;
    return head;
}
main()
{   struct link *head,*p;
    int n,m;
    printf("Please input n") ;
    scanf("%d",&n);
    printf("Please input the house number that is to be saled.") ;
    scanf("%d",&m);
    head=CreateLink(n);
    p=Delete(head,m);
}
```

思考讨论：本实例未给出 CreateLink 函数的定义，请参考实例 11-1 将其补充完整。读者如果想查看执行完 Delete 函数后链表中的数据情况，那么可以通过输出链表来进行验证。

【实例 11-3】建立一个链表，要求链表由 26 个节点组成，节点的内容依次为 26 个小写英文字母（从 a 到 z），将此链表中的节点按内容逆序排列（从 z 到 a），并分别输出倒置前后的链表。

问题分析：此程序分为 3 个功能模块，分别由 CreateTable 函数、InvertTable 函数和 PrintTable 函数实现。其中，CreateTable 函数用于实现链表建立功能，InvertTable 函数用于实现链表倒置功能，PrintTable 函数用于实现链表节点元素的输出功能。

算法设计：由于链表的建立在实例 11-1 中已经详细分析过了，因此本实例主要实现链表倒置功能。在 InvertTable 函数中，table 指向上一个节点，next 指向当前节点，last 指向下一个节点。先将链表头指针指向 NULL，其次将原来第 2 个节点的 link 指针指向第 1 个节点，然后将原来第 3 个节点的 link 指针指向第 2 个节点，以此类推，最终可得到倒置后的链表。实现链表倒置的算法流程图如图 2-11-3 所示。其中，图 2-11-3（b）是对图 2-11-3（a）中输出链表步骤的细化。

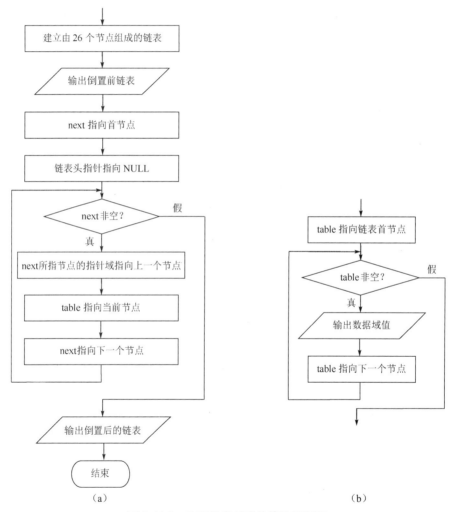

图 2-11-3　实现链表倒置的算法流程图

源代码：

```
#include "stdio.h"
#include "stdlib.h"
struct STable
{   char data;
```

```
        struct STable *link ;
};
struct STable *CreateTable();
struct STable *InvertTable(struct STable * table);
void PrintTable(struct STable * table);
main()
{   struct STable *table;
    table = CreateTable();
    printf("\nBefore inverting table:\n");
    PrintTable(table);
    table = InvertTable(table);
    printf("After inverting table:\n");
    PrintTable(table);
}
struct STable *CreateTable()
{   int i = 98;
    struct STable *table, *next, *last;
    table = (struct STable *) malloc(sizeof(struct STable));
    table->data = 97;
    last = table;
    for( ; i < 123; i++)
    {   next = (struct STable *) malloc(sizeof(struct STable));
        next->data = i;
        last->link = next;
        last = last->link;
    }
    last->link = NULL;
    return(table);
}
struct STable *InvertTable(struct STable *table)
{   struct STable *next, *last;
    next = table;
    table = NULL;
    while(next)
    {   last = next->link;
        next->link = table;
        table = next;
        next = last;
    }
    return(table);
}
void PrintTable(struct STable *table)
{   while(table)
```

```
    {    printf("%2c", table->data);
         table = table->link;
    }
    printf("\n");
}
```

运行结果如下：

```
Before inverting table:
 a b c d e f g h i j k l m n o p q r s t u v w x y z
After inverting table:
 z y x w v u t s r q p o n m l k j i h g f e d c b a
```

思考讨论：注意链表倒置和逆向输出的区别。本实例很容易出现的一个错误是没有将链表倒置，只是在形式上将其逆向输出。

四、实验内容

1. 已建立一个学生英语课程的成绩链表（成绩存在 score 域中，学号存在 num 域中），下列函数可以根据学号查询某个学生的成绩并输出，但其中存在多处错误，请上机调试并修改这些错误。

```
void require (struct student *head, int no)
{   struct student p;
    if(head!=null)
    {   p = head;
        while(p!=NULL || no!=p.num)
        p= p->next;
        if(p==null)
            printf ("%6.1f\n",p->num);
        else
            printf ("%ld not been found!\n",no);
    }
}
```

2. 下列程序中 del 函数的功能是将头指针为 head 的链表中的所有节点全部删除，并释放相应的内存空间，但其中存在多处错误，请上机调试并修改这些错误。

```
struct node
{   int k;
    struct node *next;
};
struct node *del(struct node *head)
{   struct node *p,*q ;
    p=head;
    while(head!=null)
```

```
        {  p=p->next;
           free(p);
           q=p;
        }
        return NULL;
    }
```

3．下列程序的功能是先创建单向链表，再将链表中的内容输出。在链表建立过程中，当输入"#"时，链表建立过程结束。请将程序补充完整。

```
#include <stdio.h>
#include <stdlib.h>
struct link
{  char  name[10];
   int   mark;
   struct link  * next;
};
void insert(char *, int);
struct link * head = NULL;
main()
{  char  name[10];
   int   mark;
   struct  link * t;
   while (1)
   {  scanf("%s%d",name,&mark);
      if ( strcmp(name, "#") == 0 ) break;
           ①      ;
   }
   for(t=head;t!=NULL;    ②    )
        printf("<%s>: %d\n",  t->name,  t->mark);
}
void insert(char * name,int mark)
{   struct link * p;
    p =    ③    ;
    strcpy(p->name,name);
    p->mark = mark;
         ④    ;
    head = p;
}
```

4．del_node 函数用于在头指针为 head 的链表中删除数据成员 name 与字符串 str1 相等的第 1 个节点。请将程序补充完整。

```
struct  student
{  char name[9];
   int  score;
```

```
    student *next;
};
student *del_node(student *head,char *str1)
{   student  *p1,*p2;
    if(head==NULL) return head;
        ①     ;
    if(strcmp(head->name,str1)==0)
    {   head = head->next;
        free p1;
        return head;
    }
    while(p1->next!=NULL)
    {   p2=p1->next;
        if(    ②    )
        {   p1->next=p2->next;
            free p2;
            break;
        }
        else
            ③     ;
    }
    return  head;
}
```

5. 写出当输入"1 2 3 4 5 6 7 8 9 0"后，下列程序的输出结果。

```
#include<stdio.h>
#include<stdlib.h>
#define  LEN  sizeof(struct line)
#define  NULL  0
struct line
{   int num ;
    struct line  *next ;
};
main()
{   struct line *p1 , *p2 , *head ;
    int  j, k = 0;
    p1 = p2 = head = (struct line *) malloc (LEN) ;
    scanf("%d", &p1->num) ;
    while (p1->num != 0)
    {   p1 = (struct line *) malloc (LEN) ;
        scanf("%d", &p1->num) ;
        if ( p1->num == 0 )
            p2->next = NULL ;
```

```
        else
        {   p2->next = p1 ;
            p2 = p1 ;
        }
        k++;
    }
    p2->next = head ;
    p1 = head->next ;
    p1 = p1->next ;
    for ( j=1 ; j <= k ; j++)
    {   printf("--> %d ", p1->num) ;
        p1 = p1->next ;
    }
}
```

6．上机调试下列程序，并回答以下问题。

```
#include "stdlib.h"
#include "stdio.h"
#define LEN sizeof(struct line)
struct line
{   int num ;
    struct line  *next;
};
void f(struct line *p)
{   if(p!=NULL)
    {   f(p->next);
        if(p!=NULL)
            printf("%d ", p->num) ;
    }
}
main( )
{   int i,k ;
    struct line *p , *head , *tail;
    head=tail=NULL;
    for(k=1; k<6; k++)
    {   p=(struct line *) malloc (LEN);
        p->num=k;
        p->next=NULL;
        if(head==NULL)
            head=p;
        else
            tail->next=p;
        tail=p;
```

```
        }
        f(head);
    }
```

（1）说明该程序的功能。

（2）程序运行后的输出结果是什么？

7．编写程序，实现一个简易的学生信息管理系统，根据输入信息创建单链表，每个学生信息包括姓名和成绩。要求输出简易学生信息管理系统（单链表）中的所有学生（节点）信息。

8．建立一个教师信息链表，每个节点包括姓名、性别、年龄、职称和学历信息。要求分别统计链表中职称为教授、学历为博士，以及同时符合上述条件的教师数量。

9．建立一个 2023 年国务院规定放假的安排表，要求按照时间顺序排列，每个节假日的信息包括节假日名称和放假天数，统计安排表中一共有多少天休假日。

10．建立一个通讯录，每个人员的信息包括姓名、性别、办公室电话号码（12 位数字）和移动电话号码（11 位数字）。将通讯录中的人员按照姓名（英文字符）从小到大排列，现在需要添加新的人员信息，要求添加到链表中，同时保持通讯录的有序性。

11．建立一个链表，用于表示本地区的球队信息，每个球队的信息包括球队名称、球员人数、本赛季比赛次数和赢球场次数。遍历此链表，将赢球场次数小于本赛季比赛次数一半的球队删除。

12．输入一组学生的姓名和绩点，并以链表形式存储。先删除绩点小于平均绩点的学生节点，得到一个新链表。然后按照输入顺序，依次输出新链表中的学生信息。平均绩点是输入的所有学生绩点取算术平均值。

文件及应用

一、实验目的

1. 掌握 C 语言中文件的概念。
2. 掌握文件的打开与关闭，并理解以不同方式打开文件的含义。
3. 掌握文件的各种操作函数，能正确对文件进行读/写操作。

二、预备知识

1. 文件概述

文件是存储在外部介质上的数据集合，是操作系统进行数据管理的单位。数据的存储与处理过程如图 2-12-1 所示。

图 2-12-1　数据的存储与处理过程

使用文件的目的主要包括以下几点。

（1）程序与数据分离，使数据文件的改动不引起程序的改动。

（2）数据共享，使不同程序可以访问同一数据文件中的数据。

（3）数据保存，使程序运行的中间数据或结果数据能够长期保存。

2. 文件的打开与关闭

（1）文件指针。

文件操作的基本步骤如下。

① 打开文件。

② 读/写文件。

③ 关闭文件。

在对文件进行打开、读/写及关闭操作时，需要借助文件指针来完成。定义文件指针的一般形式如下：

```
FILE *指针变量名;
```

例如：

```
FILE *fp;
```

为了使用 FILE 结构及文件的各种操作函数，需要包含头文件"stdio.h"。

（2）文件的打开。

在打开文件时，系统会自动建立文件结构体，并返回指向它的文件指针，程序可以通过这个指针获得文件信息，并访问文件。文件打开函数的一般使用形式如下：

```
fp=fopen("文件名","打开方式");
```

若正常打开文件，则该函数的返回值为指向文件结构体的指针，否则为 NULL，表示文件打开失败。

文件可以按照只读、只写、读/写、追加 4 种操作方式打开，同时必须指定文件类型是二进制文件还是文本文件。文件的打开方式字符串如表 2-12-1 所示。

表 2-12-1　文件的打开方式字符串

打开方式字符串	含义
"r"	只读，为输入打开一个文本文件
"w"	只写，为输出打开一个文本文件
"a"	追加，向文本文件末尾追加数据
"rb"	只读，为输入打开一个二进制文件
"wb"	只写，为输出打开一个二进制文件
"ab"	追加，向二进制文件末尾增加数据
"r+"	读/写，为读/写打开一个文本文件
"w+"	读/写，为读/写创建一个新的文本文件
"a+"	读/写，为读/写打开一个文本文件
"rb+"	读/写，为读/写打开一个二进制文件
"wb+"	读/写，为读/写创建一个新的二进制文件
"ab+"	读/写，为读/写打开一个二进制文件

注意：

① 以"r"、"rb"、"r+"和"rb+"方式只能打开一个已经存在的文件。

② 以"w"、"wb"、"w+"和"wb+"方式可以打开一个并不存在的文件（将新建该文件），也可以打开一个已经存在的文件（将覆盖该文件）。

③ 以"a"、"ab"、"a+"和"ab+"方式可以打开一个并不存在的文件（将新建该文件），也可以打开一个已经存在的文件（将在该文件末尾追加数据）。

打开文件时建议使用以下程序段：

```
if((fp=fopen("文件名","打开方式"))==NULL)
{   printf("Cannot open this file!\n");
    exit(0);          /*返回操作系统*/
}
```

其中，文件名中可以省略路径信息，此时该文件与源文件路径相同；如果文件名中包含路径信息，则应使用转义字符"\\"。例如：

```
fp=fopen("c:\\myfile.txt","w");
```

（3）文件的关闭。

在关闭文件后，文件指针变量与文件"脱钩"，文件结构体和文件指针所占据的存储空间被释放。文件关闭函数的一般使用形式如下：

```
fclose(文件指针变量);
```

当正常关闭文件时，该函数返回值为 0，否则为非 0。

3. 文件的读/写

（1）文件读/写函数。

C 语言中提供了多种文件读/写函数，主要包括字符读/写函数（fgetc 和 fputc）、字符串读/写函数（fgets 和 fputs）、数据块读/写函数（fread 和 fwrite）、格式化读/写函数（fscanf 和 fprintf）。为了使用这些函数，需要包含头文件"stdio.h"。

从功能角度来说，fread 函数和 fwrite 函数可以完成文件的任何数据读 / 写操作，但为了方便起见，可以依据下列原则选用。

① 读/写一个字符或字节数据时，选用 fgetc 函数和 fputc 函数。

② 读/写一个字符串时，选用 fgets 函数和 fputs 函数。

③ 读/写一个或多个不含格式的数据时，选用 fread 函数和 fwrite 函数。

④ 读/写一个或多个含格式的数据时，选用 fscanf 函数和 fprintf 函数。

（2）文件结束的判断。

对文本文件来说，由于它的结束标志是 EOF（即-1），因此通常通过读取的字符是不是结束标志来判断文本文件是否读完。

对二进制文件来说，由于没有 EOF 的结束标志，因此只能使用系统提供的 feof 函数来判断文件是否读完。该函数既适用于文本文件，又适用于二进制文件，其使用格式如下：

```
feof(文件指针变量)
```

当文件结束时，feof 函数返回值为非 0，否则为 0。

所以读/写文件一般通过以下形式来控制：

```
while( !feof(fp))
{    /* 此处写入读操作语句 */
```

```
}
```

（3）字符读/写函数。

```
fputc(字符, 文件指针)
```

功能：把一个字符写入文件。

返回值：正常时返回写入的字符，出错时返回 EOF。

```
fgetc(文件指针)
```

功能：从 fp 指向的文件中读取一个字符。

返回值：正常时返回读到的字符，读到文件末尾或出错时返回 EOF。

注意：字符读/写函数只能读/写单个字符，如果要读取或写入整个文件内容，则需要配合使用循环语句。

（4）字符串读/写函数。

```
fgets(字符数组名,n,文件指针)
```

功能：从文件中读取 n-1 个字符并送入字符数组。

返回值：正常时返回读取字符串的首地址，读到文件末尾或出错时返回 NULL。

```
fputs(字符串, 文件指针)
```

功能：向文件中写入一个字符串。

返回值：正常时返回 0，出错时返回 EOF。

（5）格式化读/写函数。

```
fscanf(文件指针,格式字符串,输入列表)
```

返回值：若返回 EOF，则表示格式化读取错误；否则表示数据读取成功。

```
fprintf(文件指针,格式字符串,输出列表)
```

返回值：函数的返回值为实际写入文件中的字符个数（字节数）；若出错，则返回一个负数。

格式化读/写函数的格式字符串用法与 scanf 和 printf 函数中的用法相同。

（6）读/写二进制文件函数。

从指定文件中读/写若干个数据块，函数调用的一般形式如下：

```
fread(buffer,size,count,fp)
fwrite(buffer,size,count, fp)
```

其中，buffer 是准备输入或输出的数据块的起始地址，是一个内存块的首地址，输入的数据会被存放到这个内存块中；size 表示每个数据块的字节数；count 用来指定每读/写一次，输入或输出数据块的个数；fp 为文件指针。

（7）文件定位函数。

① rewind 函数。

该函数会将文件位置指针重新设置到文件开始位置，其调用形式如下：

```
rewind(文件指针)
```

② fseek 函数。

该函数用来移动文件位置指针到指定位置上，后面的读/写操作从指定位置开始，其调用形式如下：

```
fseek(文件指针, 位移量, 起始点)
```

③ ftell 函数。

该函数用来给出当前位置指针所在的位置，即相对于文件开头的字节数，其调用形式如下：

```
ftell(文件指针)
```

如果调用出错，则函数返回值为-1。

三、实例解析

【实例 12-1】先把通过键盘输入的字符原样输出到 file_1.txt 文件中，并用字符"#"作为键盘输入结束的标志，再从 file_1.txt 文件中读取字符并显示在屏幕上。

问题分析：（1）这是一个调用字符读/写函数的实例。先将输入的字符保存到文件中，再重新打开文件、读取字符，并显示在屏幕上。EOF 是系统定义的文本文件结束标志，当读取文件时遇到 EOF，说明文件读取完毕。

（2）程序在运行时，会在磁盘上生成一个 file_1.txt 文件，其内容与键盘输入、屏幕输出的一致，与源程序文件路径相同。

源代码：

```
#include<stdio.h>
#include<stdlib.h>
main()
{
  FILE *fp;
  char ch;
  if((fp=fopen("file_1.txt ","w"))==NULL)
  { /*判断在打开文件时是否会出现错误*/
    printf("Cannot open this file!\n");
    exit(0);
  }
  ch=getchar();            /*通过键盘输入一个字符并赋予 ch*/
  while(ch!='#')
  { /*调用 fputc 函数将 ch 的值写入 fp 所指向的文件*/
```

```
    fputc(ch,fp);
    ch=getchar( );
}
fclose(fp);
if((fp=fopen("file_1.txt ","r"))==NULL)
{ /*判断在打开文件时是否会出现错误*/
    printf("Cannot open this file!\n");
    exit(0);
}
while((ch=fgetc(fp))!=EOF)  /*从 fp 所指向的文件中读取一个字符并赋予 ch*/
    putchar(ch);
fclose(fp);
}
```

运行结果如下：

输入：
Hello! This is a text file.#
屏幕输出：
Hello! This is a text file.

同时，file_1.txt 文件中的内容如图 2-12-2 所示。

图 2-12-2　file_1.txt 文件中的内容

思考讨论：

（1）file_1.txt 文件原本并不存在，是不是在程序运行时自动生成的？

（2）如果文件已经打开，并进行了写操作，那么不将其关闭，直接读取文件内容，能否正确读取文件开头的内容？如果不能，那么应该如何操作？

【实例 12-2】通过键盘输入一串内容，对其进行加密后写入 data.txt 文件中。在设置加密方式时，如果是数字字符，则加 3；如果是字母，则加 5；如果是其他字符，则保持不变。

问题分析：可以在循环中输入一个字符，并对其进行加密，然后使用字符写入的方式将其保存到文件中。

源代码：

```
#include<stdio.h>
#include<stdlib.h>
main()
{
```

```
char c;
FILE *fp;
fp=fopen("data.txt","w");
if(fp==NULL)
{
   printf("文件打开失败\n");
   exit(0);
}
while((c=getchar())!='\n')
{
   if(c>='0'&&c<='9')
   {
     c=c+3;
   }
    else if((c>='A'&&c<='Z')||(c>='a'&&c<='z'))
    {
     c=c+5;
    }
   fputc(c,fp);
}
   fclose(fp);
}
```

运行结果如下：

输入：

Today is 2023-3-22

输出结果被保存到文件中，data.txt 文件中的内容如图 2-12-3 所示。

图 2-12-3 data.txt 文件中的内容

思考讨论： 如果输入的一串字符以 "#" 结尾，那么应该如何修改程序？

【实例 12-3】 C 盘根目录下存放着 log.txt 文件，请将该文件中的数字字符删除，并将结果保存到 save.txt 文件中。

问题分析： 可以按字符串的方式读取一串字符，然后将该字符串中的数字字符删除，并通过 fputs 函数将结果写入 save.txt 文件中。

源代码：

```
#include <stdio.h>
#include <stdlib.h>
```

```
#include <string.h>
main()
{
    FILE *fp1,*fp2;
    int i;
    char str[100];
    if((fp1=fopen("C:\\log.txt ","r"))==NULL)
    {  printf("Cannot open this file!\n");
        exit(0);
    }
    if((fp2=fopen("C:\\save.txt ","w"))==NULL)
    {  printf("Cannot open this file!\n");
        exit(0);
    }
    while(!feof(fp1))                        /*输入字符串*/
    {    fgets(str,99,fp1);                   /*写入字符串*/
        for(i=0;str[i]!='\0';i++)
        {
            if(str[i]>='0'&&str[i]<='9')
            {
                strcpy(str+i,str+i+1);
                i--;
            }
        }
        fputs(str,fp2);
    }
    fclose(fp1);
    fclose(fp2);
}
```

运行结果如下：

log.txt 文件中的内容如图 2-12-4 所示。程序运行后，save.txt 文件中的内容如图 2-12-5 所示。

图 2-12-4   log.txt 文件中的内容

图 2-12-5   save.txt 文件中的内容

思考讨论：

（1）是否可以将文件路径写为"C:\log.txt"？

（2）在读取文件时，是否可以逐个字符读取？如果可以，那么应该如何修改程序？

【实例 12-4】输入 N 个小于 10 的实数，先把它们存放到 abc.txt 文件中，再从文件中读取出来，求它们的平均值，并将大于平均值的那些数写入一个新的 overave.txt 文件中。

问题分析：本实例是一个调用格式化读/写函数的实例，可以使用 fscanf 函数和 fprintf 函数进行读/写操作。

源代码：

```
#include<stdio.h>
#include<stdlib.h>
#define N 10
main()
{   int i;
    float num,ave;
    FILE *fp1,*fp2;
    fp1=fopen("abc.txt","w");
    printf("Input:");
    for(i=1;i<=10;i++)
    {   scanf("%f",&num);
        fprintf(fp1,"%5.2f",num);          /*写入数据*/
    }
    fclose(fp1);
    fp1=fopen("abc.txt","r");
    ave=0;
    while(!feof(fp1))
    {   fscanf(fp1,"%f",&num);             /*读取数据*/
        ave=ave+num;
    }
    ave=ave/N;
    rewind(fp1);
    fp2=fopen("overave.txt","w");
    while(!feof(fp1))
    {   fscanf(fp1,"%f",&num);
        if(num>ave)
            fprintf(fp2,"%5.2f",num);
    }
    fclose(fp1);
    fclose(fp2);
}
```

运行结果如下：

输入：
Input:8 2 5 3.5 7.5 4 1 2.5 6.5 9

输出结果被保存到文件中，abc.txt 文件中的内容如图 2-12-6 所示，overave.txt 文件中的内容如图 2-12-7 所示。

图 2-12-6　abc.txt 文件中的内容

图 2-12-7　overave.txt 文件中的内容

思考讨论：

（1）注意 scanf 函数和 fscanf 函数、printf 函数和 fprintf 函数的区别。

（2）程序中为什么要使用 rewind 函数？

【实例 12-5】编写程序，通过键盘输入若干个学生的数据信息（包括姓名、学号、年龄、性别和成绩等），并把它们存放到 infor.txt 文件中，然后将文件中的数据读取出来，并把它们存入名为 relist 的结构体数组中。

问题分析：本实例是一个数据块在文件中存取的问题，可以使用 fread 函数和 fwrite 函数来实现。

源代码：

```
#include <stdio.h>
#include <stdlib.h>
#define SIZE 6
struct student
{   char name[10];
    int num;
    int age;
    char sex;
    float score;
}stu[SIZE],relist[SIZE];
void save()
{   FILE *fp;
    int i;
    if((fp=fopen("infor.txt","wb+"))==NULL)
    {   printf("Don't open the file\n");
        exit(0);
    }
    /*写入数据*/
    if(fwrite(stu,sizeof(struct student),SIZE,fp)!=1)
        printf("the file write successfully!\n");
```

```
    else
        printf("the file write error\n");
    rewind(fp);
    /*读取数据*/
    fread(relist,sizeof(struct student), SIZE,fp);
    fclose(fp);
}
main()
{   int i;
    for(i=0;i<SIZE;i++)
    /*输入数据*/
    scanf("%s %d %d %c %f",stu[i].name,&stu[i].num,
                &stu[i].age,&stu[i].sex,&stu[i].score);
    save();
    printf("name\tnum\tage\tsex\tscore\n");
    for(i=0;i<SIZE;i++)
        printf("%s\t%d\t%d\t%c\t%f\n",relist[i].name,
                relist[i].num,relist[i].age,
                relist[i].sex,relist[i].score);
}
```

运行结果如下：

输入：
```
zhang 1221 19 m 89
li 1222 20 f 68
wang 1223 21 m 92
zhou 1224 20 m 78
chen 1225 22 f 85
ceng 1226 18 m 72
```
屏幕输出：

name	num	age	sex	score
zhang	1221	19	m	89.0
li	1222	20	f	68.0
wang	1223	21	m	92.0
zhou	1224	20	m	78.0
chen	1225	22	f	85.0
ceng	1226	18	m	72.0

思考讨论：

（1）本程序将结构体数组定义为全局变量，以达到在函数间传递数据的目的。能否通过参数传递的方式达到同一目的？

（2）能否将"fwrite(stu,sizeof(struct student),SIZE,fp)"语句改为下列语句？

```
for(i=0;i<SIZE;i++)
    fwrite(&stu[i],sizeof(struct student),1,fp);
```

四、实验内容

1. 下列程序使用变量 count 统计文件中的字符个数。请将程序补充完整。

```
#include <stdio.h>
main()
{   FILE *fp ; long count=0;
    if((fp=fopen("letter.dat",____①____))= =NULL)
    {   printf("cannot open file\n") ;
        exit(0);
    }
    while(!feof(fp))
    {   ____②____ ;
        ____③____ ;
    }
    printf("count=%ld\n",count);
    fclose(fp);
}
```

2. 当前目录下存放着 from.txt 文件，要求将其中除数字外的内容显示在屏幕上。请将程序补充完整。

```
#include<stdio.h>
#include<stdlib.h>
main ()
{   FILE *fr;int ch;
    if( ____①____ )
    {   printf("Can not open file --> from.txt");
        exit(0);
    }
    while (!feof(fr))
    {   ____②____ ;
        if ( ____③____ )
            putchar(ch);
    }
    fclose(fr);
}
```

3. 下列程序可以将从终端读入的 10 个整数以二进制的方式写入一个名为 bi.dat 的新文件中。请将程序补充完整。

```
#include  "stdio.h"
main()
{   int I,j;
    ____①____
```

```
    if((fp=fopen("bi.dat","wb"))= =NULL)exit(0);
    for(i=0;i<10;i++ )
    {   scanf("%d",&j);
        fwrite( ____②____, sizeof(int), 1, ____③____);
    }
        ____④____;
}
```

4．下列程序先通过键盘输入一个文件名，然后将输入的字符依次存放到该文件中，并用"#"作为输入结束的标志，最后将字符个数写到文件尾部。请将程序补充完整。

```
#include <stdio.h>
main()
{   FILE *fp;
    char ch,fname[20];
    int count=0;
    printf("Input the name of file:\n");
    gets(fname);
    if((fp=fopen( ____①____ , "w")) == NULL)
    {   printf("Cannot open  file.\n");
        exit(0);
    }
    printf("Enter data:\n");
    while((ch=getchar())!='#')
    {   ____②____ ;
        count++;
    }
        ____③____ ;
    fclose(fp);
}
```

5．若在下列程序运行时输入"1 2 3 4 0 5 6"，那么在程序运行结束后，C:\MyDir\total.txt 文件中的内容是什么？

```
#include <stdio.h>
main()
{   FILE *fp;
    int x,t=0;
    printf("Enter the numbers(stop with 0):");
    fp=fopen("C:\\MyDir\\total.txt","w");
    scanf("%d",&x);
    while(x!=0)
    {   t=t+x;
        fprintf(fp,"%d,",x);
        scanf("%d",&x);
```

```
    }
    fprintf(fp,"total=%d\n",t);
    fclose(fp);
}
```

6. 下列程序的功能是将字符串 s 中的所有字符按 ASCII 值从小到大重新排序，并将排序后的字符串写入 D 盘根目录下新建的 design.dat 文件中。请将程序补充完整。

```
#include <stdio.h>
#include <string.h>
main()
{   FILE *p; char *s="634,.%@\\w|SQ2",c;
    int i,j,n=strlen(s);
    ……
}
```

7. 编写程序，统计 C 盘 MyDir 文件夹下 data.txt 文件中字符'$'出现的次数，并将统计结果写入 C:\MyDir\res.txt 文件中。

8. 编写程序，统计 C 盘目录下 data.txt 文件中的字母（不区分大小写）、数字字符和其他字符的个数，并将结果打印到屏幕上。

9. 编写程序，统计 aaa.txt 文件中各英文字母（不区分大小写）出现的次数，并将统计结果输出到屏幕上。

10. 编写程序，通过循环从键盘上输入 30 个成绩（实型数据），并将高于平均分的成绩，以每行一个的格式写入 C 盘根目录下新建的 high.dat 文件中。

11. 编写程序，先输入一个字符串（少于 80 个字符），再输入一个字符，统计并输出该字符在该字符串中出现的次数，最后将结果写入 C 盘根目录下新建的 result.dat 文件中。

12. C 盘根目录下存在一个 data.txt 文件，其中存放了若干个整数，要求对这些整数求和并计算平均值，最后将结果保存到文件尾部。

13. 编写程序，依次从 number.txt 文件中读取 20 个整数到程序中，并判断其是否为素数，若为素数，则将其输出到屏幕上。

14. input.txt 文件中存放着一批互异的整数（数量不超过 100 个），请编写一个程序，要求通过键盘输入一个整数 x，如果文件中包含该整数，则输出其在文件中的位置，否则输出"Not found"。例如，如果文件中存放着"1,4,3,2,5"，则在程序运行时输入"2"，会输出"4"。

实 验 13

简单 C++程序设计

一、实验目的

1. 掌握 C++中数据的基本输入/输出方法。
2. 掌握类的定义和对象的创建方法。
3. 掌握构造函数与析构函数的定义和使用方法。
4. 理解继承与派生等面向对象的基本概念。

二、预备知识

1. C++的输入与输出

程序中包含头文件"iostream.h"时将自动创建 cout 对象和 cin 对象，它们与标准输入/输出流对应。

（1）使用 cout 进行输出时需要<<运算符。例如：

```
cout<<"a="<<a;
```

（2）使用 cin 进行输入时需要>>运算符。例如：

```
cin>>a;
```

2. 函数重载

C++允许多个函数具有相同的函数名（但这些函数的形参类型或形参个数至少有一个不同）。在编译过程中，编译器会根据传递给函数的参数类型和个数来决定哪个函数被调用。

3. 类与对象

在 C++中，数据与函数封装在一起构成了对象，数据用于描述对象的属性，函数用于描述对象的行为。对象也是一种数据，这种数据类型称为类（class），对象就是这种新类型的变量。

有了对象这种用户自定义类型的数据，在设计程序时所要考虑的问题就变成了需要哪些类型，并为每种类型提供一组完整的操作，这就是面向对象的程序设计方法。

类定义的一般形式如下：

```
class 类名
{ private:
        私有数据成员和成员函数        //仅能由该类中的成员函数访问
    public:
        公有数据成员和成员函数        //其他类中的函数也可以访问
    protected:
        受保护数据成员和成员函数      //继承的类中的函数也可以访问
};
```

创建对象的一般形式如下：

```
类名 对象名;
```

4. 构造函数与析构函数

（1）构造函数。

构造函数是一种特殊的类成员函数，它可以完成对象的初始化。构造函数的名称必须与类名相同，并且在定义构造函数时不能指定返回类型。

无须直接调用构造函数，在创建一个对象的同时可以通过系统隐式的自动调用来初始化对象。如果定义的类没有定义构造函数，则 C++编译器会自动为该类创建一个默认的构造函数，这个默认的构造函数无形参，函数体为空。

（2）析构函数。

C++也提供了与构造函数相对应的析构函数，用于在对象撤销时执行收尾工作。析构函数的名称必须在类名前加上波浪号"~"，以区别于构造函数。析构函数不能指定返回类型，也不能指定形参。

5. 继承与派生

继承机制就是利用现有的类来定义新的类，将新的类作为一个或多个现存类的扩充或特殊化，从而实现程序源代码的重用性，提高软件的开发效率。

通过继承创建一个新的类——派生类的一般形式如下：

```
class 派生类名:继承访问控制 基类名
{ private:
        私有数据成员和成员函数
    public:
        公有数据成员和成员函数
    protected:
        受保护数据成员和成员函数
};
```

三、实例解析

【实例 13-1】设计一个输入和输出学生信息的程序。学生信息包括学号（不超过 4 位数字）、姓名、电话号码和分数。

问题分析：设计一个类，使其包含学生的学号、姓名、电话号码和分数等数据成员，以及输入和输出信息的成员函数。

算法设计：根据上面的分析，定义类，并在 main 函数中创建对象，调用对象的两个成员函数来分别实现学生信息的输入和输出。

源代码：

```cpp
#include <iostream.h>
class stus
{   private:
    int no;                 //学号
    char name[10];          //姓名
    char ut[20];            //电话号码
    float score;            //分数
    public:
    void insert()
    {   cout<<"请输入学生学号：";
        cin>>no;
        cout<<"请输入学生姓名：";
        cin>>name;
        cout<<"请输入学生电话号码：";
        cin>>ut;
        cout<<"请输入学生分数：";
        cin>>score;
    }
    void display()
    {   cout<<"***************"<<endl;
        cout<<"学生学号："<<no<<endl;
        cout<<"学生姓名："<<name<<endl;
        cout<<"学生电话号码："<<ut<<endl;
        cout<<"学生分数："<<score<<"分"<<endl;
        cout<<"***************"<<endl;
    }
};
main()
{   stus p;
    p.insert();
    p.display();
}
```

运行结果如下：

```
请输入学生学号：
1001
请输入学生姓名：
张三
请输入学生电话号码：
1358
请输入学生分数：
85
输出：
* * * * * * * * * * * * * * *
学生学号：1001
学生姓名：张三
学生电话号码：1358
学生分数：85
* * * * * * * * * * * * * * *
```

思考讨论：如果在类的定义中，未将两个成员函数设计为公有的（public），那么程序能否正常运行？

【**实例 13-2**】本实例为上机调试题，阅读下列程序，分析程序功能，并写出运行结果。

源代码：

```
#include <iostream.h>
#include <string.h>
class zombies
{   private:
    char team;              //所属队伍
    char hat[6];            //帽子
    int life;               //生命力
    public:
    void said();
    zombies()
    {   team='A';
        strcpy(hat,"无");
         life=1;
    }
    zombies(char x,char y[],int z)
    {   team=x;
        strcpy(hat,y);
        life=z;
    }
```

```
    ~zombies()
    {   cout<<"Bye"<<endl;
    }
};
void zombies::said()
{   cout<<"我属于"<<team<<"队";
    if(strcmp(hat,"无")==0)
    cout<<",没有帽子";
    else
    cout<<",头上有"<<hat;
    cout<<",有"<<life<<"级生命力。"<<endl;
}
main()
{   zombies x;
    zombies y('A',"路障",3);
    zombies z('B',"铁桶",10);
    x.said();
    y.said();
    z.said();
}
```

问题分析：此程序定义了一个 zombies 类，该类有 3 个私有数据成员，分别为 team、hat 和 life；以及 3 个公有的成员函数，分别为 said 函数、构造函数和析构函数。其中，对构造函数进行了函数的重载，存在两个同名的构造函数（zombies 函数），一个无形参，另一个有 3 个参数。在编译过程中，编译器会根据传递给函数的参数类型和个数来决定哪个函数被调用。zombies 类的构造函数主要用于为类的 3 个私有数据成员赋初值；析构函数用于显示"Bye"；said 函数用于输出对象的一些信息；main 函数用于对象的创建和函数的调用。

算法设计：在 main 函数中创建了 x、y、z 这 3 个对象。在自动调用构造函数时，根据实参的类型和个数，x 对象使用无参数的构造函数，y 对象和 z 对象使用有 3 个参数的构造函数。3 个对象分别调用 said 函数进行输出。最后，程序自动调用 3 个对象的析构函数。

运行结果如下：

```
输出：
我属于 A 队，没有帽子，有 1 级生命力。
我属于 A 队，头上有路障，有 3 级生命力。
我属于 B 队，头上有铁桶，有 10 级生命力。
Bye
Bye
Bye
```

思考讨论：本实例要注意类的定义中构造函数的重载。在创建对象时，有无参数，以及参数的个数、类型和顺序将决定哪个构造函数被调用。读者也可以尝试其他函数的重载。

【实例 13-3】先设计一个柱形类，该类包含两个数据成员，即底面积和高度，以及用于输入高度和计算体积的两个成员函数。然后派生出圆柱体和长方体（底面是正方形）两个类，分别包含与各自底面有关的数据成员，以及输入数据和计算底面积的两个成员函数。编写程序，根据用户选择计算圆柱体体积或长方体体积。

问题分析： 设计一个基类，即柱形类，该类包含底面积和高度两个数据成员，以及用于输入高度和计算体积的两个成员函数。设计圆柱体类为柱形类的派生类，新增数据成员——底面半径，以及输入底面半径和计算底面积的两个成员函数。设计长方体类为柱形类的派生类，新增数据成员——底面边长，以及输入底面边长和计算底面积的两个成员函数。

算法设计： 根据上面的分析，定义类，并在 main 函数中根据用户的输入内容创建圆柱体类对象或长方体类对象，调用相应的函数来输入数据和计算体积。

源代码：

```cpp
#include <iostream.h>
class column
{   protected:
    double h;               //高度
    double s;               //底面积
    public:
    void get_h()
    {   cout<<"请输入柱形的高度: ";
        cin>>h;
    }
    double volume()
    {   return h*s;
    }
};
class cylinder:public column
{   private:
    double r;               //底面半径
    public:
    void get_r()
    {   cout<<"请输入圆柱体底面半径: ";
        cin>>r;
    }
    double area()
    {   s=3.14*r*r;
        return s;
    }
};
class cuboid:public column
{   private:
```

```
    double a;                 //底面边长
    public:
    void get_a()
    {   cout<<"请输入长方体底面边长: ";
        cin>>a;
    }
    double area()
    {   s=a*a;
        return s;
    }
};
main()
{   double v;
    char ch;
    cout<<"输入 Y 或 y，计算圆柱体体积；否则，计算长方体体积。请选择: ";
    cin>>ch;
    if(ch=='Y'||ch=='y')
    {   cylinder x;
        x.get_r();
        x.get_h();
        x.area();
        v=x.volume();
    }
    else
    {   cuboid x;
        x.get_a();
        x.get_h();
        x.area();
        v=x.volume();
    }
    cout<<"体积是"<<v<<endl;
}
```

运行结果如下：

测试数据一：

输入 Y 或 y，计算圆柱体体积；否则，计算长方体体积。请选择：

Y

请输入圆柱体底面半径：

1

请输入柱形的高度：10

输出：

体积是31.4

测试数据二：

输入 Y 或 y，计算圆柱体体积；否则，计算长方体体积。请选择：

x

请输入长方体底面边长：

1

请输入柱形的高度：

10

输出：

体积是 10

思考讨论：

（1）为什么要将程序中 column 类的两个数据成员设计为受保护的（protected）？设计为私有的（private）可以吗？

（2）本程序在计算体积前必须先计算底面积，是否可以将对象的底面积也显示出来，如何修改程序？

（3）注意两种 x 对象的作用域范围，分别在各自的{…}区域内。

四、实验内容

1．调试下列程序，并写出程序的输出结果。

```
#include <iostream>
using namespace std;
class Student
{   public:
    char *name;
    int age;
    float score;
    void say()
    {   cout<<name<<"的年龄是"<<age<<"，成绩是"<<score<<endl;
    }
};
main()
{   Student stu;
    stu.name = "小华";
    stu.age = 15;
    stu.score = 92.5f;
    stu.say();
}
```

2．设计一个类，包含三个数据成员，分别表示长方体的长度、宽度和高度，以及一个用于计算长方体体积的成员函数。

3．设计一个圆类，其数据成员为半径。定义函数，实现输入半径、显示半径和计算面积的功能，并设计相应的程序验证类功能。

4. 设计一个计算器类，包含三个数据成员，即两个操作数和一个运算符，以及一个用于输入数据、计算和输出的成员函数，并设计相应的程序验证类功能。

5. 设计一个类，实现银行账户功能，该类包括账号、余额这两个数据成员；定义有参数的构造函数，创建指定账户的账号；定义相关成员函数，分别实现存款、取款和余额查询的功能，并设计相应的程序验证类功能。

6. 设计一个商品促销类，可以初始化促销商品的数量并进行销售（商品数量减少），注意判断存货量，并显示本次销售是否成功。在促销结束（对象撤销）时，显示销售已空或促销商品的剩余量。同时，设计相应的程序验证类功能，创建一个促销对象，并进行若干次销售。

7. 已知 main 函数有以下代码，设计 point 类，包含 x、y 两个数据成员，并设计相应的函数来实现要求的功能。

```
main()
{   point a;                    //创建一个在原点的 a 点
    point b(5,5);               //创建一个坐标为（5,5）的 b 点
    point c(30,40);             //创建一个坐标为（30,40）的 c 点
    a.dis(b);                   //计算 a 点到 b 点的距离
    b.dis(c);                   //计算 b 点到 c 点的距离
    c.dis();                    //计算 c 点到原点的距离
}
```

8. A 类包含两个整型的数据成员，以及用于输入函数和计算两个数最大公约数的函数。由 A 类派生出 B 类，新增一个计算两个数最小公倍数的函数（可利用最大公约数结果）。设计 A 类和 B 类，并编写相应的程序验证类功能。

9. 设计一个汽车类，包含车牌数据成员，以及用于输入和输出车牌的成员函数。派生出一个公交车类，包含公交线路数据成员，以及用于输入和输出公交车线路及车牌的成员函数。同时，设计相应的程序验证类功能。

10. 设计一个 user 类，包含用户名和密码两个数据成员，以及用于输入和输出数据的相关成员函数。由 user 类派生出 admin 类，admin 类还具有修改密码的成员函数。在修改密码时，需要验证旧密码，并再次输入新密码确认。同时，设计相应的程序验证类功能。

实 验 14

综合应用

一、实验目的

1. 通过一个学生成绩管理系统的实际开发案例，让学生初步掌握软件开发的思想，提高综合运用编程知识的能力。

2. 掌握函数、结构体、文件及常用算法的运用。

二、预备知识

1. 应用程序设计的基本内容

在开发一个软件系统时，需要了解软件工程的基本知识。软件工程的基本内容如下。

（1）软件分析：确定待开发软件的总体要求和使用范围，以及与之相关的硬件和支撑软件的要求，包括系统分析、可行性分析、软件开发计划和需求分析。

（2）软件设计：包括总体设计和详细设计两个阶段，产生软件的总体结构、软件包含的所有功能模块及其接口规范、全局数据结构和局部数据结构，以及各个模块的详细算法，涉及软件设计基本原理和软件设计基本方法等。

（3）软件实现：将设计阶段的数据结构和各功能模块采用某种程序语言"翻译"为可执行的程序，涉及程序设计语言的选择、程序设计方法、程序设计风格等。

（4）软件测试：对已经用程序语言实现的模块进行单元测试，并对已经测试过的模块进行组装测试，以保证最终程序能够正确、可靠地运行。

（5）软件维护：软件开发结束并交付使用后，在整个使用期间需要不断地维护，以修改新发现的错误，或者是为了适应变化的环境，或者是为了扩充原有的功能。

（6）软件管理：包括成本估算、风险分析、进度安排、人员组织和软件质量保证等基本内容。

程序设计就是针对给定问题进行设计、编写和调试计算机程序的过程。作为一名程序设计者，要想设计好一个程序，除了要掌握程序设计语言本身的语法规则，还要学习程序设计的方法和技巧，并通过不断实践来提高自己的程序设计能力。

本实验从一个学生成绩管理系统的实际开发案例出发，按照软件开发的思路，沿着需求分析→总体设计→详细设计→代码实现的过程，进行完整的设计。

2．模块图

在软件项目的开发过程中，软件开发人员需要进行业务和技术交流。为了准确地表达交流的信息，需要借助专门的描述工具，用图或表的形式表现出来。

在模块化程序设计方法中，经常使用模块图来描述各个模块之间的层次关系。模块图的绘制一般按照从上到下的顺序进行，顶层模块是主模块，下面的各层模块是其上层模块的逐步描述。

在程序设计中，系统流程图是描述系统工程物理模型最常用的工具。本章的流程图采用传统流程图的画法，目的是使读者掌握传统流程图的画法。

三、实例解析

早期的学生成绩管理一般采用人工录入与查询的工作方式，这是一项非常繁重且枯燥的劳动。因此，建立一个操作简单、直观、内容详细的学生成绩管理系统是很有必要的，这不仅可以提高工作效率和管理水平，还方便了学生对成绩的查询，具有检索迅速、查找方便、可靠性高、储存量大、保密性好、寿命长、成本低等特点。

本实例将开发一个简单的学生成绩管理系统，用于对班级的学生成绩进行处理。某班级有 N 个学生，每个学生的信息包括学号、姓名、各科成绩、总分和平均分。

本系统实现的功能如下。

（1）录入学生数据。

（2）显示学生数据。

（3）编辑数据（添加记录）。

（4）计算各科平均成绩。

（5）按照学生平均成绩排序。

1．系统分析与设计

通过分析系统实现的功能，我们可以确定本系统的数据结构和主要功能模块。

（1）定义数据结构。因为学生的信息包括学号、姓名、各科成绩、总分和平均分，所以可以采用结构体类型来描述数据结构，具体定义如下：

```
struct student
{   char no[6];          /*学号*/
    char name[8];        /*姓名*/
    int score[3];        /*各科成绩*/
    int sum;             /*总分*/
```

```
    float av;                /*平均分*/
}stu[N];
```

其中，学号、姓名采用字符型，各科成绩采用整型数组，总分采用整型，平均分采用实型。

（2）程序功能模块。根据系统功能要求，将系统划分为如图 2-14-1 所示的几个功能模块。一级菜单项包括录入学生数据、显示学生数据、编辑数据、计算各科平均成绩、按照学生平均成绩排序及退出系统，每个模块对应一个函数，分别命名为 input、showdata、editmenu、courseaverage 和 sort。二级菜单项包括添加记录（对应函数为 add_record）、返回主菜单。

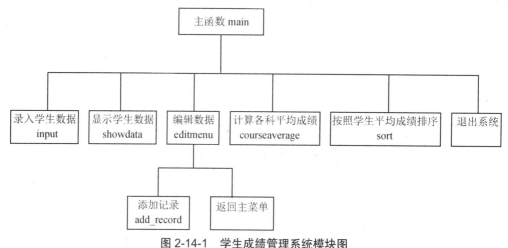

图 2-14-1　学生成绩管理系统模块图

2. 各个模块设计

（1）主界面设计。

为了使程序界面清晰，主界面显示了主菜单，便于用户选择执行，主菜单项目如图 2-14-2 所示。

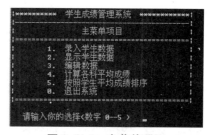

图 2-14-2　主菜单项目

（2）录入学生数据模块。

本模块的功能是通过键盘输入 N（最大学生记录数）个学生的数据（学号、姓名和各科成绩），并存放到 stu.txt 磁盘文件中。stu.txt 为二进制数据文件，使用 fread 函数和 fwrite 函数完成读/写操作。录入学生数据如图 2-14-3 所示。

图 2-14-3 录入学生数据

（3）显示学生数据模块。

从 stu.txt 文件中读取学生数据，并以表格的形式显示在屏幕上，如图 2-14-4 所示。

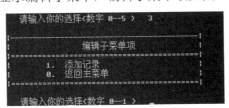

图 2-14-4 显示学生数据

（4）编辑数据模块。

在执行此模块时，会显示编辑子菜单，编辑子菜单项如图 2-14-5 所示。

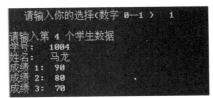

图 2-14-5 编辑子菜单项

输入 0，可以返回主菜单；输入 1，可以添加记录。从磁盘文件中读取学生数据，如果学生记录数未达到最大学生记录数，则提示用户输入学生数据，如图 2-14-6 所示。

图 2-14-6 添加记录

（5）计算各科平均成绩模块。

从磁盘文件中读取学生数据，计算各科平均成绩后输出结果，如图 2-14-7 所示。

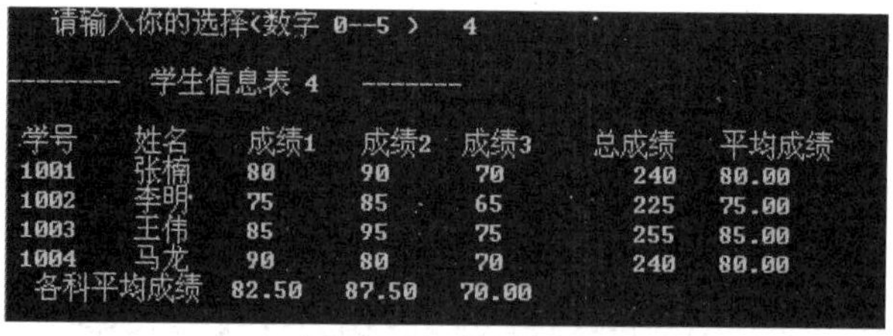

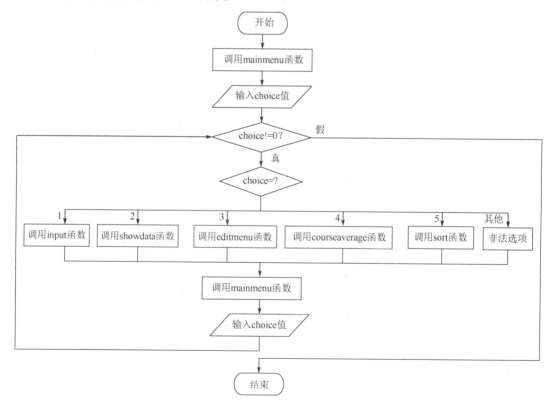

图 2-14-7　各科平均成绩

（6）按照学生平均成绩排序模块。

从磁盘文件中读取学生数据，按照学生平均成绩从高到低排序后输出结果，如图 2-14-8 所示。

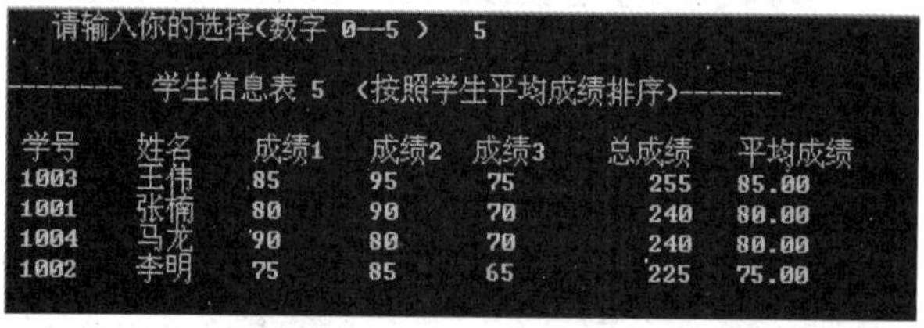

图 2-14-8　按照学生平均成绩从高到低排序后的结果

3．流程图设计

主函数的流程图如图 2-14-9 所示。

图 2-14-9　主函数的流程图

用于显示主菜单的 mainmenu 函数的流程图如图 2-14-10 所示。

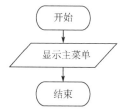

图 2-14-10 mainmenu 函数的流程图

用于录入学生数据的 input 函数的流程图如图 2-14-11 所示。

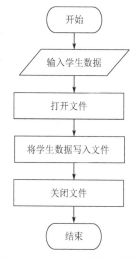

图 2-14-11 input 函数的流程图

用于显示学生数据的 showdata 函数的流程图如图 2-14-12 所示。

用于显示编辑子菜单的 showeditmenu 函数的流程图如图 2-14-13 所示。

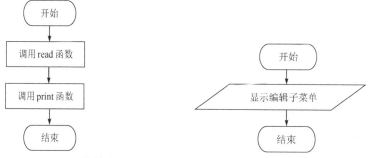

图 2-14-12 showdata 函数的流程图　　图 2-14-13 showeditmenu 函数的流程图

用于编辑数据的 editmenu 函数的流程图如图 2-14-14 所示。

用于添加学生记录的 add_record 函数的流程图如图 2-14-15 所示。

用于计算各科平均成绩的 courseaverage 函数的流程图如图 2-14-16 所示。

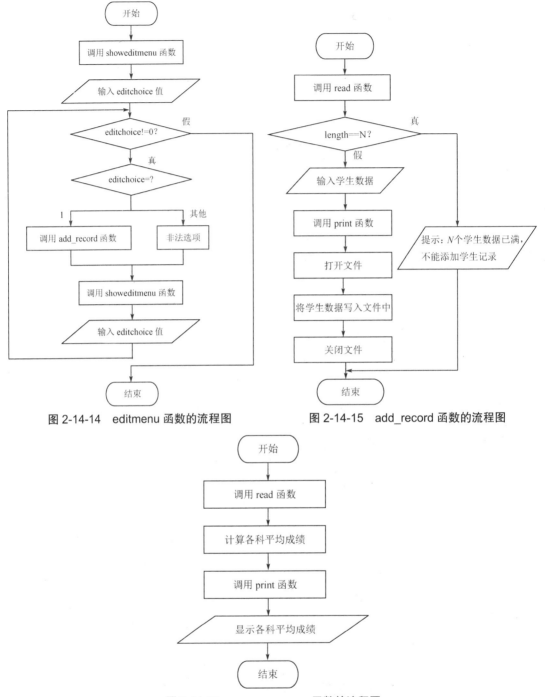

图 2-14-14　editmenu 函数的流程图　　　　图 2-14-15　add_record 函数的流程图

图 2-14-16　courseaverage 函数的流程图

用于按照学生平均成绩排序的 sort 函数的流程图如图 2-14-17 所示。

用于将学生数据显示在屏幕上的 print 函数的流程图如图 2-14-18 所示。

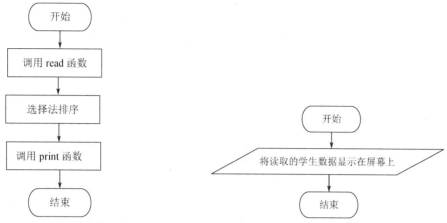

图 2-14-17   sort 函数的流程图   图 2-14-18   print 函数的流程图

用于将文件中的数据读入程序中的 read 函数的流程图如图 2-14-19 所示。

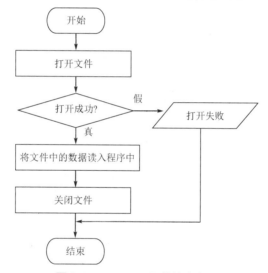

图 2-14-19   read 函数的流程图

4. 编写程序代码

完整的程序代码如下：

```c
#include <stdio.h>
#include <string.h>
#define N 10                /*定义最大学生记录数*/
int length;                 /*定义学生的实际人数*/

struct student
{   char no[6];             /*学号*/
    char name[8];           /*姓名*/
    int score[3];           /*各科成绩*/
    int sum;                /*总分*/
```

```
        float av;              /*平均分*/
}stu[N];

/*函数声明*/
void mainmenu();           /*显示菜单*/
void input();              /*录入学生数据*/
void showdata();           /*显示学生数据*/
void showeditmenu();       /*显示数据编辑菜单*/
void editmenu();           /*编辑数据*/
void add_record();         /*添加记录*/
void courseaverage() ;     /*计算各科平均成绩*/
void sort();               /*按照学生平均成绩排序*/
void print();              /*将学生数据显示在屏幕上*/
void read();               /*将文件中的数据读入程序中*/

/*显示主菜单*/
void  mainmenu()
{   printf("\n\n");
    printf("|*********  学生成绩管理系统  ***********|\n");
    printf("|-------------------------------------------|\n");
    printf("|              主菜单项目               |\n");
    printf("|===========================================|\n");
    printf("|        1.  录入学生数据              |\n");
    printf("|        2.  显示学生数据              |\n");
    printf("|        3.  编辑数据                  |\n");
    printf("|        4.  计算各科平均成绩          |\n");
    printf("|        5.  按照学生平均成绩排序      |\n");
    printf("|        0.  退出系统                  |\n");
    printf("|===========================================|\n");
    printf("\n   请输入你的选择(数字 0--5 )   ");
}

/*主函数*/
void main()
{   int choice;
    mainmenu();
    scanf("%d",&choice);
    while(choice!=0)
    {   switch(choice)
        {   case 1: input();break;
            case 2: showdata();break;
            case 3: editmenu();break;
            case 4: courseaverage();break;
```

```
        case 5: sort();break;
        default:printf("\n\t%d 为非法选项!\n",choice);
    }
    mainmenu();
    scanf("%d",&choice);
    }
    return 0;
}


/*录入学生数据 */
void input()
{   int i,j,s;
    FILE *fp;
    for(i=0;i<N;i++)
    {   printf("\n 请输入第 %d 个学生数据（如果输入@，结束录入，返回菜单） \n",i+1);
        printf("学号:  ");
        scanf("%s",stu[i].no);
        if(stu[i].no[0]=='@')       /*如果输入@，则返回上层菜单*/
        {   length=i;
            printf(" ** 已录入%d 个学生数据 **\n",length);
            break;
        }
        printf("姓名:  ");
        scanf("%s",stu[i].name);
        s=0;
        for(j=0;j<3;j++)
        {   printf("成绩 %d:  ",j+1);
            scanf("%d",&stu[i].score[j]);
            s+=stu[i].score[j];
        }
        stu[i].sum=s;
        stu[i].av=s/3.0;
    }
    fp=fopen("stu.txt","wb");            /*二进制模式打开文件写*/
    for(i=0;i<length;i++)
    fwrite(&stu[i],sizeof(struct student),1,fp);
    fclose(fp);
}


/*显示学生数据*/
void showdata()
{   read();
    printf("\n--------  学生信息表 1  ------- \n");
```

```
        print();
    }


/*显示编辑子菜单*/
void showeditmenu()
{   printf("\n");
    printf("|---------------------------------------------|\n");
    printf("|              编辑子菜单项              |\n");
    printf("|=====================================|\n");
    printf("|        1.  添加记录                 |\n");
    printf("|        0.  返回主菜单               |\n");
    printf("|=====================================|\n");
    printf("\n   请输入你的选择(数字 0--1 )   ");
}


/*编辑数据*/
void editmenu()
{   int editchoice;
    showeditmenu();
    scanf("%d",&editchoice);
    while(editchoice!=0)
    {   switch(editchoice)
        {   case 1: add_record();break;
            default:printf("\n\t%d 为非法选项!\n",editchoice);
        }
        showeditmenu();
        scanf("%d",&editchoice);
    }
    return;
}


/*添加记录*/
void  add_record()
{   int i,j,s=0;
    FILE *fp;
    read();
    if(length==N)
    {   printf("\n   !!!  %d 个学生数据已满, 不能添加学生记录\n",N);
    return;
    }
    i=length;
    length++;
    printf("\n 请输入第 %d 个学生数据 \n",length);
```

```
    printf("学号:    ");
    scanf("%s",stu[i].no);
    printf("姓名:    ");
    scanf("%s",stu[i].name);
    s=0;
    for(j=0;j<3;j++)
    {   printf("成绩 %d:   ",j+1);
        scanf("%d",&stu[i].score[j]);
        s+=stu[i].score[j];
    }
    stu[i].sum=s;
    stu[i].av=s/3.0;
    printf("\n-------- 学生信息表 3   ------- \n");
    print();
    fp=fopen("stu.txt","wb");
    for(i=0;i<length;i++)
        fwrite(&stu[i],sizeof(struct student),1,fp);
    fclose(fp);
    printf("\n");
}


/*计算各科平均成绩*/
void courseaverage()
{   int i,j,sum;
    float cou[3];
    read();
    for(i=0;i<3;i++)
    {   sum=0;
        for(j=0;j<length;j++)
            sum+=stu[j].score[i];
        cou[i]=(float)sum/length;
    }
    printf("\n-------- 学生信息表 4   ------- \n");
    print();
    printf("  各科平均成绩\t");
    for(i=0;i<3;i++)
    printf("%.2f \t",cou[i]);
    printf("\n");
}

/*按照学生平均成绩排序*/
void sort()
{   int i,j,k,p,t=0;
```

```
    float temp=0;
    char str[10]="";
    read();
    for(i=0;i<length-1;i++)
    {   p=i;
        for(j=i+1;j<length;j++)
            if(stu[p].av<stu[j].av)p=j;
        temp=stu[i].av;
        stu[i].av=stu[p].av;
        stu[p].av=temp;
        strcpy(str,stu[i].no);
        strcpy(stu[i].no,stu[p].no);
        strcpy(stu[p].no,str);
        strcpy(str,stu[i].name);
        strcpy(stu[i].name,stu[p].name);
        strcpy(stu[p].name,str);
        for(k=0;k<3;k++)
        {   t=stu[i].score[k];
            stu[i].score[k]=stu[p].score[k];
            stu[p].score[k]=t;
        }
        t=stu[i].sum;
        stu[i].sum=stu[p].sum;
        stu[p].sum=t;
    }
    printf("\n------  学生信息表 5  (按照学生平均成绩排序)----- \n");
    print();
    printf("\n");
}


/*将学生数据显示在屏幕上*/
void print()
{   int i,j;
    printf("\n 学号 \t 姓名\t 成绩1 \t 成绩2 \t 成绩3 \t 总成绩 \t 平均成绩 \t \n");
    for(i=0;i<length;i++)       /*将读取的学生数据显示在屏幕上*/
    {   printf(" %s\t %s \t",stu[i].no,stu[i].name);
        for(j=0;j<3;j++)
            printf(" %d\t",stu[i].score[j]);
        printf("    %d\t",stu[i].sum);
        printf(" %.2f\n",stu[i].av);
    }
}
```

```
/*将文件中的数据读入程序中*/
void read()
{   int i=0;
    FILE *fp;
    i=0;
    if((fp=fopen("stu.txt","rb"))==NULL)  /*二进制模式打开文件读*/
    {   printf("File could not be opened!\n");
        return;
    }
    while(!feof(fp))
    {   if( fread(&stu[i],sizeof(struct student),1,fp)!=1)
        {   if(feof(fp))
            {   fclose(fp);
                return;
            }
            printf("file read error\n");
        }
        else
            i++;
        length=i;
    }
    fclose(fp);
}
```

5. 测试与调试

测试与调试是程序开发中不可或缺的步骤之一。

在编写模块的同时进行测试，当各个模块均能正常实现设定功能后，再将各个模块按照预先制订的计划逐步组装和测试。

可以使用下列数据来测试程序是否达到预期效果。

（1）在主菜单中输入 1，正确的程序应该能录入学生数据。

（2）在主菜单中输入 2，正确的程序应该能显示学生数据。

（3）在主菜单中输入 3，正确的程序应该能显示编辑子菜单。在编辑子菜单中输入 0，可以返回主菜单；输入 1，可以添加记录，并显示学生数据。

（4）在主菜单中输入 4，正确的程序应该能计算各科平均成绩，并显示学生数据。

（5）在主菜单中输入 5，正确的程序应该能按照学生平均成绩排序，并显示排序后的学生数据。

（6）在主菜单中输入 0，正确的程序应该能结束运行。

（7）在主菜单中输入指定选项编号以外的数值时，正确的程序应该能提示为非法选项，并询问是否继续。

四、实验内容

1. 完善学生成绩管理系统，在编辑子菜单中增加"删除记录"和"修改记录"菜单项。

删除记录是指用户可以删除一条学生记录。系统提示用户输入学号，并在用户输入学号后，根据学号进行查找，如果查找成功，则显示该学生信息，并确认是否删除，在用户确认后，系统将删除该条学生记录；如果查找失败，则提示"没有找到"。

用于删除学生记录的 delete_record 函数的流程图如图 2-14-20 所示。

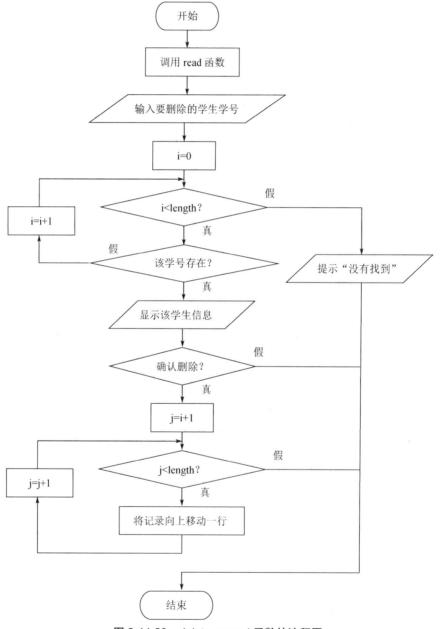

图 2-14-20　delete_record 函数的流程图

2．完善学生成绩管理系统，增加数据查询模块，可以按学号查询，也可以按姓名查询。

按学号查询是指以学号为关键字来查找学生记录。系统先提示用户输入要查询的学号，如果查找成功，则显示该学生信息；如果查找失败，则提示"没有找到"。

用于按学号查询的 querybyno 函数的流程图如图 2-14-21 所示。

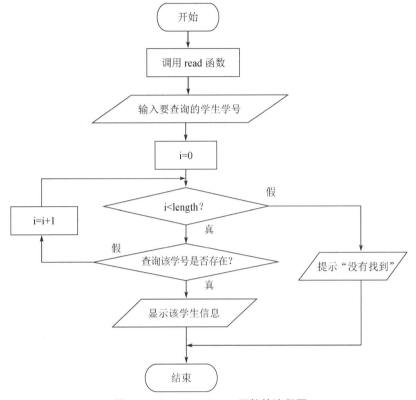

图 2-14-21　querybyno 函数的流程图

3．对于一个完整的系统，无论任何人在任何时间访问都要进行身份验证，以便判断该用户是否为合法用户。用户登录程序时会提示用户输入用户名和密码，若为合法用户，则进入主菜单；否则要求用户重新输入。系统允许用户输入 3 次，若 3 次都错误，则提示出错信息。完善学生成绩管理系统，允许多个用户使用该系统。

提示：创建一个用于记录用户名和密码的 stu_code.dat 文件。

用于验证用户登录身份的 check_code 函数的流程图如图 2-14-22 所示。

4．完善学生成绩管理系统，增加数据统计模块，可以按班级统计人数、计算总分及平均分。

提示：在数据结构的定义中，"增加班级"变量可以采用字符型。

5．在上述程序的显示学生数据模块中，只显示了所有学生信息，要求增加二级菜单项，包括"显示及格学生信息""显示不及格学生信息""显示某范围学生信息"。

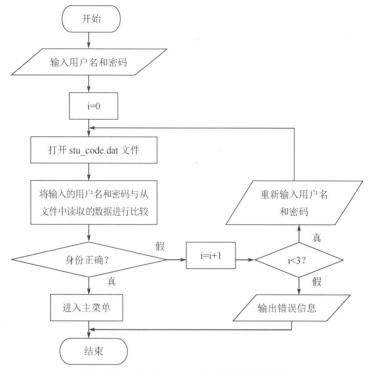

图 2-14-22　check_code 函数的流程图

6．应用指针实现学生成绩管理系统，可以选用下面的方法。

（1）使用如下定义语句：

```
struct student *p,*stuArray[N];
```

其中，stuArray[N]是存放指向结构体指针的指针数组，用于保存所有学生的信息。
在程序中创建一个空的学生记录，并用指向该记录的指针传递参数。

（2）采用链表形式，便于插入和删除学生信息，结构体定义形式如下：

```
struct student
{   char class[3];             /*班级*/
    char no[6];                /*学号*/
    char name[8];              /*姓名*/
    int score[3];              /*各科成绩*/
    int sum;                   /*总分*/
    float av;                  /*平均分*/
    struct student *next;      /*指向下一个学生*/
};
```

附　录

附录 A   ASCII 码字符集

编码	符号	编码	符号	编码	符号	编码	符号
0	(null)	32	空格	64	@	96	`
1	??	33	!	65	A	97	a
2	??	34	"	66	B	98	b
3	??	35	#	67	C	99	c
4	??	36	$	68	D	100	d
5	??	37	%	69	E	101	e
6	??	38	&	70	F	102	f
7	(beep)	39	'	71	G	103	g
8	(退格)	40	(	72	H	104	h
9	(Tab)	41	)	73	I	105	i
10	(换行)	42	*	74	J	106	j
11	??	43	+	75	K	107	k
12	??	44	,	76	L	108	l
13	(回车)	45	-	77	M	109	m
14	??	46	.	78	N	110	n
15	??	47	/	79	O	111	o
16	??	48	0	80	P	112	p
17	??	49	1	81	Q	113	q
18	??	50	2	82	R	114	r
19	??	51	3	83	S	115	s
20	??	52	4	84	T	116	t
21	??	53	5	85	U	117	u
22	??	54	6	86	V	118	v
23	??	55	7	87	W	119	w
24	??	56	8	88	X	120	x
25	??	57	9	89	Y	121	y
26	??	58	:	90	Z	122	z
27	(Esc)	59	;	91	[	123	{
28	??	60	<	92	\	124	|
29	??	61	=	93	]	125	}
30	??	62	>	94	^	126	~
31	??	63	?	95	_	127	(Del)

注：表中列出的 ASCII 编码为十进制。其中，0～31 和 127 为控制字符，常用控制字符以"(XXX)"形式表示，其余控制字符以"??"形式表示。

附录 B C 语言中的关键字

分类	关键字	说明
数据类型	char	字符型
	short	短整型
	int	整型
	signed	有符号类型
	unsigned	无符号类型
	long	长整型
	float	单精度型
	double	双精度型
	void	空类型
	enum	定义枚举类型的关键字
	struct	定义结构体类型的关键字
	union	定义共用体类型的关键字
流程控制	if	if 语句中的第 1 个分支
	else	if 语句中的第 2 个分支
	switch	开关语句
	case	switch 语句中的分支
	default	switch 语句中的默认分支
	while	while 循环语句
	do	do-while 循环语句
	for	for 循环语句
	break	跳出所在结构
	continue	提前结束本次循环，开始下一次循环
	goto	无条件转移语句
	return	函数返回语句
存储类型	auto	自动变量
	static	静态变量
	extern	外部变量
	register	寄存器变量
其他	sizeof	计算表达式或类型的字节数
	typedef	为数据类型定义别名
	const	所修饰的量在程序执行过程中不可改变
	volatile	所修饰的量在程序执行过程中可以被隐含地改变

附录 C　运算符优先级与结合性

优先级	运算符	名称	结合性
1	() [] . ->	圆括号 下标 取结构体变量成员 指针引用结构体成员	自左向右
2	! ~ + – (类型名) * & ++ –– sizeof	逻辑非 按位取反 正号 负号 强制类型转换 取指针内容 取地址 自增 自减 长度运算符	自右向左
3	* / %	相乘 相除 求余	自左向右
4	+ –	相加 相减	自左向右
5	<< >>	位左移 位右移	自左向右
6	> < >= <=	大于 小于 大于或等于 小于或等于	自左向右
7	== !=	等于 不等于	自左向右
8	&	按位与	自左向右
9	^	按位异或	自左向右
10	|	按位或	自左向右
11	&&	逻辑与	自左向右
12	||	逻辑或	自左向右
13	?:	条件运算	自右向左
14	= += –= *= /= %= &= ^= |= <<= >>=	简单赋值 复合算术赋值 复合位运算赋值	自右向左
15	,	逗号运算	自左向右

注：优先级 1 最高，优先级 15 最低，同一单元格中所列的运算符优先级相同。

附录 D 常用库函数

1. 数学函数

函数名	函数原型	功能	返回值
abs	int abs(int x)	求 x 的绝对值	
fabs	double fabs(double x)	求 x 的绝对值	
sqrt	double sqrt(double x)	求 x 的平方根	
exp	double exp(double x)	求 e^x	
pow	double pow(double x,double y)	求 x^y	计算结果
log	double log(double x)	求 lnx	
log10	double log10(double x)	求 $\log_{10}x$	
ceil	double ceil(double x)	求不大于 x 的最小整数	
floor	double floor(double x)	求小于 x 的最大整数	
fmod	double fmod(double x,double y)	求 x 除以 y 的余数	
modf	double modf(double x,double *p)	分解 x,并将 x 的整数部分存入*p 中	x 的小数部分
sin	double sin(double x)	求 x 的正弦函数值	
cos	double cos(double x)	求 x 的余弦函数值	
tan	double tan(double x)	求 x 的正切函数值	
asin	double asin(double x)	求 x 的反正弦函数值	
acos	double acos(double x)	求 x 的反余弦函数值	
atan	double atan(double x)	求 x 的反正切函数值	计算结果
atan2	double atan2(double x,double y)	求 x/y 的反正切函数值	
sinh	double sinh(double x)	求 x 的双曲正弦函数值	
cosh	double cosh(double x)	求 x 的双曲余弦函数值	
tanh	double tanh(double x)	求 x 的双曲正切函数值	

说明：除 abs 函数外，其余各函数的原型均在头文件"math.h"中说明。abs 函数的原型说明在头文件"stdlib.h"中说明。

2. 字符处理函数

函数名	函数原型	功能	返回值
isalpha	int isalpha(char c)	判断 c 是否为字母字符	
islower	int islower(char c)	判断 c 是否为小写字母	
isupper	int isupper(char c)	判断 c 是否为大写字母	
isdigit	int isdigit(char c)	判断 c 是否为数字字符	
isalnum	int isalnum(char c)	判断 c 是否为字母、数字字符	是：非 0
isspace	int isspace(char c)	判断 c 是否为空格字符	否：0
iscntrl	int iscntrl(char c)	判断 c 是否为控制字符	
isprint	int isprint(char c)	判断 c 是否为可打印字符	
ispunct	int ispunct(char c)	判断 c 是否为标点符号	
isgraph	int isgraph(char c)	判断 c 是否为除字母、数字、空格外的可打印字符	

函数名	函数原型	功能	返回值
tolower	char tolower(char c)	将大写字母 c 转换为小写字母	c 对应的小写字母
toupper	char toupper(char c)	将小写字母 c 转换为大写字母	c 对应的大写字母

说明：字符处理函数的原型均在头文件"ctype.h"中说明。

3. 字符串处理函数

函数名	函数原型	功能	返回值
strcat	char *strcat(char *s,char *t)	将字符串 t 连接到字符串 s 的末尾	s
strncat	char *strncat(char *s,char *t,int n)	与 strcat 函数类似，但只连接前 n 个字符	
strcmp	int strcmp(char *s,char *t)	逐个比较字符串 s 和字符串 t 中对应的字符，直到对应字符不等或比较到字符串末尾为止	相等：0 不等：不相等字符的差值
strncmp	int strncmp(char *s,char *t,int n)	与 strcmp 函数类似，但只比较前 n 个字符	
strcpy	char *strcpy(char *s,char *t)	将字符串 t 复制到字符串 s 中	s
strncpy	char *strncpy(char *s,char *t,int n)	与 strcpy 函数类似，但只复制前 n 个字符	
strlen	unsigned int strlen(char *s)	求字符串 s 的长度（不含'\0'）	字符串长度
strchr	char *strchr(char *s,char c)	在字符串 s 中查找字符 c 首次出现的位置	找到：相应地址 未找到：NULL
strstr	char *strstr(char *s,char *t)	在字符串 s 中查找字符串 t 首次出现的位置	
strrev	char *strrev(char *s)	将字符串 s 中的所有字符颠倒顺序后重新排列	重新排列后的字符串
strupr	char *strupr(char *s)	将字符串 s 中的小写字母全部转换为大写字母	转换后的字符串
strlwr	char *strlwr(char *s)	将字符串 s 中的大写字母全部转换为小写字母	

说明：字符串处理函数的原型均在头文件"string.h"中说明。

4. 输入/输出函数

函数名	函数原型	功能	返回值
printf	int printf(char *format,输出列表)	将输出列表的值按 format 规定的格式输出到标准输出设备中	成功：输出字符数 失败：EOF
fprintf	int fprintf(FILE *fp,char *format,输出列表)	将输出列表的值按 format 规定的格式输出到 fp 所指的文件中	
sprintf	int sprintf(char *s,char*format,输出列表)	与 printf 函数类似，但输出目标为字符串 s	
scanf	int scanf(char *format,输入项地址列表)	从标准输入设备中按 format 规定的格式输入数据到输入项地址列表所指的存储单元中	成功：输入数据的个数 失败：EOF

续表

函数名	函数原型	功能	返回值
fscanf	int fscanf(FILE *fp,char *format,输入项地址列表)	从 fp 所指文件中按 format 规定的格式输入数据到输入项地址列表所指的存储单元中	成功：输入数据的个数 失败：EOF
sscanf	int sscanf(char *s,char *format,输入项地址列表)	与 scanf 函数类似，但输入源为字符串 s	
getchar	int getchar()	从标准输入设备中读取一个字符	成功：读取的字符 失败：EOF
fgetc	int fgetc(FILE *fp)	从 fp 所指文件中读取一个字符	
gets	char *gets(char *s)	从标准输入设备中读取字符串，并存放到 s 指向的字符数组中	成功：s 失败：NULL
fgets	char *fgets(char *s,int n,FILE *fp)	从 fp 所指文件中读取一个长度为 n-1 的字符串，并存放到 s 指向的字符数组中	
putchar	int putchar(char ch)	将字符 ch 输出到标准输出设备中	成功：输出的字符 失败：EOF
fputc	int fputc(char ch,FILE*fp)	将字符 ch 输出到 fp 所指的文件中	
puts	int puts(char *s)	将字符串 s 输出到标准输出设备中	成功：换行符 失败：EOF
fputs	int fputs(char *s,FILE *fp)	将字符串 s 输出到 fp 所指的文件中	成功：0 失败：EOF
fread	int fread(char *p, int size, int n,FILE *fp)	从 fp 所指文件中读取大小为 size 字节的 n 个数据项，并存放到 p 所指的存储单元中	成功：n 失败：0
fwrite	int fwrite(char *p, int size, int n,FILE *fp)	将 p 所指大小为 size×n 的存储单元中的数据写到 fp 所指文件中	
fopen	FILE *fopen(char *filename,char *mode)	以 mode 方式打开文件 filename	成功：文件指针 失败：NULL
fclose	int fclose(FILE *fp)	关闭 fp 所指文件	成功：0 失败：非 0
feof	int feof(FILE *fp)	检查 fp 所指文件是否结束	是：非 0 否：0
rewind	void rewind(FILE *fp)	将 fp 所指文件中的文件读/写位置移动到文件头	无
fseek	int fseek(FILE *fp,long offset,int base)	将 fp 所指文件中的文件读/写位置移动到以 base 所指出的位置为基准、以 offset 为偏移量的位置	成功：0 失败：非 0
ftell	long ftell(FILE *fp)	求当前读/写位置到文件头的字节数	成功：所求的字节数 失败：EOF
remove	int remove(char *filename)	删除 filename 文件	成功：0
rename	int rename(char *oldname,char *newname)	修改文件名"oldname"为"newname"	失败：EOF

说明：输入/输出函数的原型均在头文件"stdio.h"中说明。

5. 类型转换函数

函数名	函数原型	功能	返回值
atof	double atof(char *s)	将字符串 s 转换为双精度数	
atoi	int atoi(char *s)	将字符串 s 转换为整数	计算结果
atol	long atol(char *s)	将字符串 s 转换为长整数	

说明：类型转换函数的原型均在头文件"stdlib.h"中说明。

6. 随机数函数

函数名	函数原型	功能	返回值
rand	int rand(void)	产生 0～32 767 范围内的随机整数	随机整数
srand	void srand(unsigned seed)	指定 seed 为随机数生成器的种子	无
randomize	void randomize(void)	初始化随机数生成器	

说明：随机数函数的原型均在头文件"stdlib.h"中说明。

7. 动态存储分配函数

函数名	函数原型	功能	返回值
calloc	void *calloc(unsigned int n, unsigned int size)	分配 n 个连续存储单元，每个单元的大小为 size 字节	成功:所分配单元的首地址
malloc	void *malloc(unsigned int n)	分配大小为 size 字节的存储单元	失败：NULL
free	void free(void *p)	释放 p 所指的存储单元	无
realloc	void *realloc(void *p,unsigned int size)	将 p 所指的已分配存储单元的大小修改为 size 字节	成功:存储单元的首地址 失败：NULL

说明：动态存储分配函数的原型均在头文件"stdlib.h"中说明。

8. 过程控制函数

函数名	函数原型	功能	返回值
exit	void exit(int status)	终止当前程序，关闭所有文件，清除写缓冲区。当 status 为 0 时，表示程序正常结束，当 status 为非 0 时，表示程序存在错误执行	无

说明：过程控制函数的原型均在头文件"process.h"中说明。

附录 E Dev-C++环境下的程序调试方法

1. 语法排错

要对程序进行调试，首先需要排除所有的语法错误。在 Dev-C++环境下完成 C 源程序的编写，可以对其进行编译和链接。如果程序中存在语法错误，那么会在下面的"编译器"选项卡中给出提示，如图 E-1 所示。

图 E-1 提示的错误信息

解决语法错误，首先要确定错误出现的位置，然后根据提示信息分析出现错误的原因，最后结合程序要求和编程经验来处理该错误。Dev-C++能够指出错误出现的大致位置，双击"编译器"选项卡中的某个错误，代码中的错误所在行会高亮显示。由于编译习惯问题，实际错误可能会出现在提示错误行号的前几行。

下面列举了几种常见的编译错误信息：

- [Error]'x' was not declared in this scope

  x 变量未定义，或者变量名、标识符名称书写错误，或者定义在后面的函数未在使用前进行原型声明等。

- [Error]'strcpy' was not declared in this scope

  未包含相关头文件，而使用了库函数。

- [Error]expected ';' before 'printf'

  printf 前面缺少了分号。一般来说，这样的错误出现在前一行。

- [Error]expected '}' at end of input

  缺少一个右花括号。注意，它不一定在代码最后，也有可能在代码中间。

- [Error] invalid conversion from 'const char*' to 'char'
  代码中需要一个字符指针，但错误设置了一个字符，当使用字符串操作 strcmp 函数和 strcpy 函数时，参数是字符串，也就是字符指针。

- [Error] stray '\325' in program
  程序中出现了不可识别的字符，检查是否使用了汉字或中文标点符号。

- [Error] 'x' cannot appear in a constant-expression
  在常量表达式的位置出现了变量 x，这种错误一般出现在 switch 语句的 case 分支中。

- [Error] ambiguating new declaration of 'float f(int)'
  有歧义的函数定义，一般为重复定义了同名函数。

2．调试设置

要使用 Dev-C++调试代码，就需要在"编译器选项"对话框中进行相关设置，该对话框可以通过执行"工程" 菜单中的"编译选项"命令打开。

如图 E-2 所示，在"设定编译器配置"下拉列表中选择带 Debug 的编译器，在"代码生成/优化"选项卡的"连接器"选项卡中将"产生调试信息"设置为"Yes"。

图 E-2　调试设置

3．调试代码

（1）设置断点。

所谓断点，是一个代码位置，当程序运行到断点时，会中断执行，并将控制权交给调试人员。

在代码中选择需要设置断点的位置，单击该行代码左侧的行号，若代码前出现对号且当前行代码红色高亮显示，则表示断点设置成功。一段代码可以设置多个断点。

（2）添加查看。

在下方的"调试"选项卡中单击"添加查看"按钮，可以添加程序中的变量或表达式，以便接下来在调试时查看程序中的数据。可以在左侧的"调试"选项卡中观察添加的查看。

（3）进行调试。

调试前可以先对程序进行编译，然后在下方的"调试"选项卡中单击"调试"按钮开始调试。程序运行到第 1 个断点时就会中断执行。

程序员此时可以观察之前添加的查看数据，可以利用数据观察方法来了解程序运行期间的各种信息，从而判断程序运行错误的原因。

接下来可以单击"下一步"按钮进行单步调试，或者单击"跳过"按钮直接执行到下一个断点，重复操作直至程序结束或者单击"停止执行"按钮。

调试过程如图 E-3 所示。

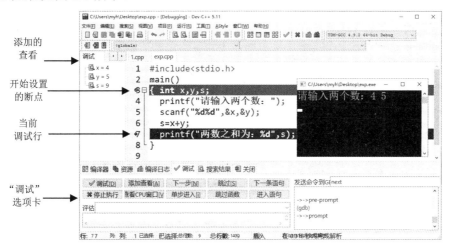

图 E-3　调试过程

4．程序调试实例

编写程序，计算 1!+2!+3!+…+10!。

（1）若编写如下代码：

```c
#include <stdio.h>
main()
{   int i;
    long s=0;
    for(i=1;i<=10;i++)
    {   e=1;
        e=e*i;
        s=s+e;
    }
    printf("s=%ld\n",s);
}
```

通过菜单命令或单击工具栏上的"编译"按钮对源代码进行编译，第 6 行出现语法错误："[Error] 'e' undeclared(first use in this function)"，发现变量 e 没有被定义，所以对代码进行修正，将第 4 行改为"long e,s=0;"。

（2）再次编译，发现无错误，开始运行程序，运行结果为 s=55，明显为错误结果。简单分析后，可初步判断错误发生在 for 循环中。单击行号 5 设置断点，开始调试程序。当程序运行到第 5 行时中断执行，并将控制权交给调试人员。添加查看，用于观察相关变量 i、e、s 的变化（可以在开始调试前添加查看，也可以在调试过程中添加查看）。

（3）单击"下一步"按钮开始单步调试，每操作一次，程序就执行一行。在左侧"调试"选项卡中观察变量的变化。在循环体的反复执行过程中，发现变量 e 每次循环后都会被置为 1，得不到阶乘的结果。这是因为"e=1;"语句被放到了循环中，导致结果错误。单击"停止执行"按钮结束调试。

调试界面如图 E-4 所示。

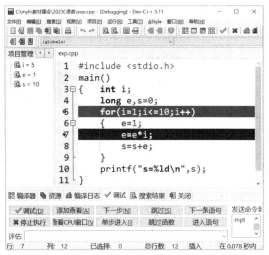

图 E-4　调试界面

（4）修改后的代码如下：

```c
#include <stdio.h>
main()
{   int i;
    long e,s=0;
    e=1;
    for(i=1;i<=10;i++)
    {   e=e*i;
        s=s+e;
    }
    printf("s=%ld\n",s);
}
```

编译成功、运行，运行结果为 s=4037913，结果正确。